I'm Not Bad,
I'm Just Mad

A Workbook to Help Kids
Control Their Anger

# 美国儿童
# 情绪管理训练手册

## 帮助孩子克服执拗易怒等坏情绪问题的心理课

〔美〕劳伦斯·E.夏皮罗（**Lawrence E.Shapiro**）◎

〔美〕扎克·佩塔海勒（**Zach Pelta-Heller**）◎著

〔美〕安娜·F.格林沃尔德（**Anna F. Greenwald**）◎著

孙晓敏◎译

北京科学技术出版社

I'M NOT BAD, I'M JUST MAD: A WORKBOOK TO HELP KIDS CONTROL THEIR ANGER By
LAWRENCE E. SHAPIRO, ZACK PELTA-HELLER, ANNA F. GREENWALD
Copyright: © 2008 BY LAWRENCE E. SHAPIRO, ZACK PELTA-HELLER & ANNA F. GREENWALD
This edition arranged with NEW HARBINGER PUBLICATIONS
through BIG APPLE AGENCY, INC., LABUAN, MALAYSIA.
Simplified Chinese edition copyright:
2017 Beijing Science and Technology Publishing Co., Ltd.
All rights reserved.

著作权合同登记号 图字：01-2017-4386

**图书在版编目（CIP）数据**

美国儿童情绪管理训练手册 /（美）劳伦斯·E. 夏皮罗,（美）扎克·佩塔海勒,（美）安娜·F. 格林沃德著;
孙晓敏译 . -- 北京：北京科学技术出版社，2024.1（2024.8 重印）
书名原文：I'm Not Bad, I'm Just Mad
ISBN 978-7-5714-3363-5

Ⅰ . ①美… Ⅱ . ①劳… ②扎… ③安… ④孙… Ⅲ .
①情绪—自我控制—儿童读物 Ⅳ . ① B842.6-49

中国国家版本馆 CIP 数据核字（2023）第 217648 号

策划编辑：孙晓敏　金秋玥
责任编辑：路　杨
装帧设计：天露霖
责任印制：吕　越
出 版 人：曾庆宇
出版发行：北京科学技术出版社
社　　址：北京西直门南大街 16 号
邮政编码：100035
电话传真：0086-10-66135495（总编室）
　　　　　0086-10-66113227（发行部）
电子信箱：bjkj@bjkjpress.com
网　　址：www.bkydw.cn
经　　销：新华书店
印　　刷：三河市华骏印务包装有限公司
开　　本：710mm×1000mm　1/16
字　　数：150 千字
印　　张：14.75
版　　次：2024 年 1 月第 1 版
印　　次：2024 年 8 月第 2 次印刷
ISBN 978-7-5714-3363-5

定　　价：59.80 元

<h1>推荐序</h1>
<h1>恰青春年少</h1>

我是一名心理科学工作者，主要从事家庭与儿童和青少年身心健康发展的研究与咨询工作，每年会接触大量儿童和青少年的案例。今年三月初，北京科学技术出版社编辑找到我让我给这套书写一篇推荐序，简单了解主题后，我欣然应允。通读了出版社发来的样稿，不禁赞叹这一套书真的非常棒，指导意义和实操性非常强，让我受益匪浅。

简单来看，这套书共四本，关注的主题分别是欺负、社交、专注力和情绪管理。但仔细一品，四个主题之间有着密切的内在联系。我们太需要社交了，青少年更是如此；但社交并不总是愉悦的，常发生被排挤或欺负的现象，这些经历让我们难过；如何在社会交往中如鱼得水，情绪管理正是其中一种重要的能力，而这背后的核心恰恰是来自专注的力量。

### 谁让我们是社会人

幸福是什么？你可能会说是金钱，是权力，是地位，是亲情，是友情，抑或是爱情。每个人可能有属于自己当下的回答。2015年，美国哈佛大学成人发展研究项目主任 Robert Waldinger 在 Ted 的演讲 "What makes a good life?"（如何成就好的一生）为我们提供了一个普适性的答案：Good relationships keep us happier and Healthier（好的关系让我们更加健康和幸福）。好的关系并不仅限于家庭内的关系。特别是随着孩子长大，好的关系越来越强调家庭以外的社会关系。

你可能有过如此经历：你和另外两个伙伴在一块聊天，聊着聊着，他俩聊起了彼此感兴趣但你不熟悉的话题，此时此刻，你可能会产生一种强烈的被排斥感或类似心痛的感觉。这种现象在心理学中被称为 "social exclusion（社会排斥）"，引发的不悦感被称为 "social pain（社会疼痛）"。之所以称之为 "疼痛"，是因为我们人类的人脑为了能高效工作而使用同一片大脑区域来管理社会疼痛和生理疼痛的反应。

社会排斥仅仅是社会交往中的一种很常见的现象，如何避免和应对是我们需要掌握的一项技能。此外，倾听、分享、尊重、赞美、原谅、礼仪以及学会拒绝等，都是社会交往过程中需要掌握的诸多技能。这套书中给出了丰富的、具体的实操建议，帮助你从容地应对社交。纯真的儿时友谊是人一生的财富。恰青春年少，我想，这本书能助你成为一名合格的社会人。

## 向欺负 say "No!"

当然，社会交往体验经常是不那么顺心如意的，例如被别人欺负的时候。

每当在互联网上看到校园霸凌的新闻，心里很不是滋味，特别是在自己为人父母之后。

除了霸凌，其他诸如排挤、起绰号、嘲笑等也属于欺负行为。有些孩子之所以欺负他人是因为自己曾经遭受欺负，而有些孩子可能是因为自己的一些特点而经常被欺负。回想起自己念初中时也见识过同学之间形形色色的欺负行为。正巧最近在做一些关于人际拒绝的资料整理工作，发现同学之间是欺负的一个重灾区。互联网时代，网络欺凌或网络暴力也同样可怕。事实上，在家庭中，来自兄弟姐妹的欺负也是经常发生，而且对孩子身心健康造成的影响似乎不亚于同龄人的欺凌。成年人的职场世界同样如此；最近上映的电影——《大赢家》巧妙地描写了这一现象。

于你我而言，如何向欺负 say "No"！如何让自己不去欺负他人和不被他人欺负！如何即便被欺负了也能保持积极乐观，以及如何做一个合格的旁观者才是关键。正恰青春年少，我想，这本书会帮你我找到答案。

**情绪管理修炼术**

社会人还有一个突出特点就是情绪丰富。论及情绪，你可能好像很清楚，但细想好像又不知道它到底是什么。看到同学受到老师的表扬，你可能为他高兴，但也有可能会羡慕他，甚至可能会嫉妒他。高兴、羡慕和嫉妒都是情绪，只不过相比于高兴，羡慕和嫉妒更社会。2017 年的加利福尼亚大学伯克利分校的研究团队发表了一项研究，指出人类至少有 27 种社会情绪。当然，更多的人评论道"可能远不止 27 种"。尽管如此，人类所有的社会情绪都是由最基本的 6 种原始情绪发展而来的，它们分别是喜、惊、悲、厌、怒、恐。对于这个的理解，或许 2015 年的动画电影《头脑特工队》（Insido Out）对你会有所帮助。

单拿"怒"（愤怒、生气）来说一下，这种基本情绪对我们人类社会交往的破坏力最强。试想，哪一次吵架不是因为愤怒。有些人很容易发怒，生气起来脸憋得通红，呼吸加速——"怒发冲冠"，甚至可能会攻击其他人。有些人则可能会选择攻击自己。是的，你不用惊讶，人的情绪表现和长相一样，千差万别。

愤怒的破坏力那么强，我们每一个人都有必要学习去管理好自己的愤怒情绪。心理科学研究表明，管理情绪的能力其实和语文或数学的能力一样，也是可以通过练习得以提升的。正恰青春年少，我想，这本书能助你成为情绪的主人。

**专注的力量**

从心理科学的角度出发，社会交往、欺负行为、情绪管理，当然也包括学习成绩和心理健康，其实都是一个人的专注力在不同方面的表现。特别是在今天这个信息时代，专注是一个人的毕生财富。可是，从近些年接触或听闻的关于多动症儿童的案例来看，似乎存在专注问题的儿童越来多。有些人将其归结为是电视、电脑、手机，以及其他设备嵌入生活的原因；有些人归结为是家庭规模和家庭生活方式转变的原因；当然，也有人归结为是父母因为工作忙而无暇照顾孩子的原因。Whatever！至少有一点可以肯定的是多动的症状不会随着长大自然而然地消失，反而会让孩子在人际关系、学业表现、心理健康等方面不断遇到挑战。甚至，成家立业后还可能将自己的多动表现代际传递给下一代。这不是耸人听闻。

多动和多动症还是有区别的，因为多动的孩子不一定是多动症。是否达到多动症的临床诊断标准，这个需要交给专业的医疗机构。不过，多动是可以改善的，专注是可以训练的。再次强调，专注以及情绪管理能力其实都是我们大脑功能的表现。大脑在某种程度上和我们的肌肉很类似，越练越发达，遵循"用进废退"原则。所以，选用科学的方法对孩子进行引导训练对于提升孩子的专注力特别有意义。恰青春年少，我想，书中介绍的好多好多方法绝对会对孩子有所帮助。

如果从家庭教育的角度出发，孩子的社会交往和自我调控等能力的发展主要是家庭社会化或家长言传身教的结果，其次是在学校的历练。这些其实都不够。有时，我们的确需要借助一些外部力量。恰青春年少，这套书或许正是那样一股有形的力量。

我特别欣赏这套书中每一本书的主题。没有那么学究，而是实实在在地道出了孩子们的心声，也表达了作者的创作意图。是的，分心多动不可怕，可怕的是不以为然，任其发展；没有坏孩子，你的孩子只是在情绪管理能力上需要一些训练，就好像只要多加练习就能弹奏好某个曲目一样；教育孩子不去欺负别人，也教他如何不被别人欺负；掌握一些属于孩子的社交技巧，每个孩子都能成为社交达人。恰青春年少，我相信套书中的每一条针对性的训练都将于你的孩子大有裨益。

是为弁言。

蔺秀云

2020年3月

# 写给家长们的信

如今，很多孩子在控制愤怒情绪方面存在问题。事实上，研究者告诉我们，在关于孩子的咨询案例中，几乎 50% 的孩子在控制愤怒情绪方面存在困难。通常这种困难并不是单独存在的问题。存在学习困难、多动症、阿斯伯格综合征及其他问题的孩子通常也都有管理愤怒情绪和正确表达愤怒情绪的困难。

书中的 40 个活动能帮孩子学习用积极的方法管理他们的情绪，让他们学会和专业咨询师一样的技巧。这些技巧以情绪智力理论为基础，该理论认为人的情绪、行为、社交技能和运动、音乐或学业技能一样，是可以被习得的。孩子们一旦学会了这些技能，不仅会改善他们在家里的表现，而且也对孩子人际交往及良好的学习、工作习惯的形成有帮助。

每个活动一开始都强调了该活动的基本要点，接下来的模块介绍了一种新的情绪、行为或社交技能，然后是孩子要做的一些事，例如一个难题、一个迷宫、一份要填的问卷，或者一个单词搜索游戏。最后，会提出一些问题让孩子思考。他们可以口头回答问题，但如果写下自己的答案（或者由你写下他们的口述答案）将会是最有用的。

虽然大多数活动孩子都能自己完成，但如果由你或其他成年人提供指导，这些活动会更有效。你或许从自己的经验中得知，改变一个人的行为并不容易，所以你的支持是非常有帮助的。

你可能会发现，有时候孩子很难就某些话题说出什么来。永远不要在孩子不想说的时候强迫他们。让孩子敞开心扉的最佳方式是父母为孩子做榜样，说出你与活动有关的想法、感受和经验，强调你处理问题的积极方法。即使孩子不能说出什么作为回应，你的话仍然是起作用的。

这本书将为你帮助孩子处理愤怒情绪提供指导，但还有些事你也需要知道：

▶ 了解孩子产生行为问题的原因。

▶ 对孩子有始终如一的要求和符合年龄的期待。

▶ 用表扬或一个分数系统[1]来奖励好的行为。

▶ 做一个好榜样。

▶ 当孩子做出不当行为时给予适当的惩罚，例如面壁思过或者取消某种特权。

本书是为帮助存在愤怒问题的孩子而专门设计的，但你的孩子也可能需要额外的帮助。孩子有愤怒问题的原因有很多，全面的评估会让你知道你需要做什么。如果你对孩子在控制愤怒情绪方面的困难非常担心，你应

---

1  译者注：通过分数强化目标行为的一种方法，如果做到了规定的目标行为就加相应的分数，否则就不得分或减分，积累到一定分数通常可以换取一定的奖励。

该尽快寻求帮助。愤怒管理问题会影响孩子发展的多个方面，在事情变得更糟之前，你一定想有所作为。如果你的孩子需要专业帮助，或者你需要一些指导，这本书会使你受益。把这本书带给咨询师，他们可能会对如何更好地使用这本书提出额外的建议。

只要你保持耐心并尊重孩子的感受，怎么使用这本书都是对的。我们希望你能成功地完成最重要的事业——成为一位好家长。

**真诚的作者们**

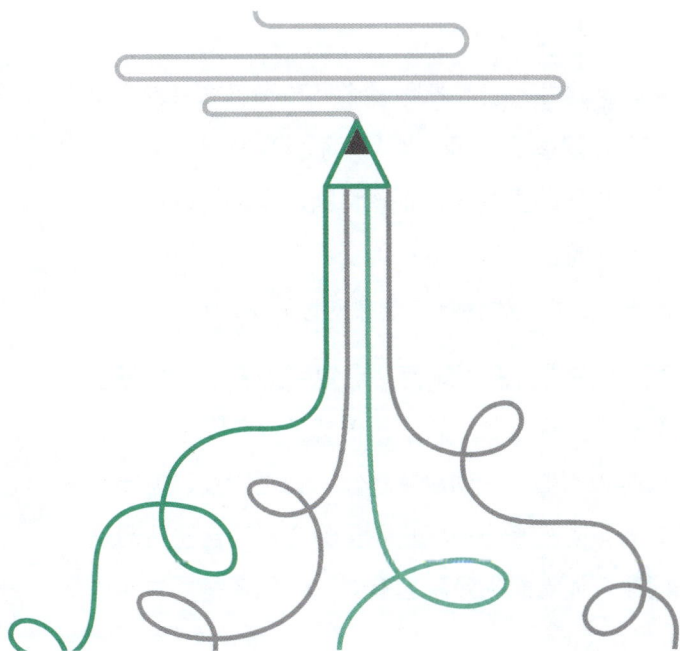

# 写给孩子们的信

有人给你这本书，是因为你经常生气、愤怒！每个人都会在某些时候生气、愤怒，但有的孩子比其他孩子更频繁；每个人都会对某些事生气、愤怒，但有的孩子对很多事都会生气、愤怒。

虽然你经常生气、愤怒，但这并不意味着你是个坏孩子。本书就是想告诉你这一点。经常生气、愤怒的孩子（和一些大人）仅仅需要学会一些方法控制他们的情绪，并且用积极的方法表达这些情绪。学习控制愤怒的情绪就像学数学、拼写或篮球一样。愤怒不会让你变坏，它只是意味着你必须学习用更好的方法表达情绪。我们相信这本书会对你有帮助！

本书有 40 个活动，会教给你很多关于如何处理情绪的方法。你将学会如何不理睬那些打扰你的事，当你感到火冒三丈时如何冷静下来，以及如何更好地和其他孩子及成年人相处。活动包括迷宫、词语游戏、需要你解决的难题，和需要你读或者写的故事……我们希望你会发现这些活动是有趣的。有时候，活动和问题可能看起来没那么有趣，但你还是应该完成它们。

你对生气、愤怒的情绪思考得越多、谈论得越多，你的感觉就会越好。我们保证！

祝你好运、玩得愉快！

作者们

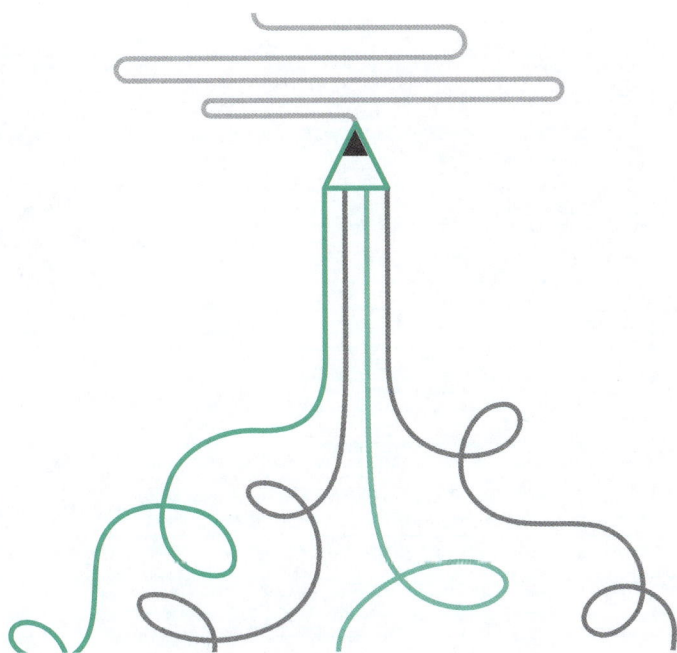

# Contents

# 目　录

## CHAPTER 1　了解你的愤怒情绪

## CHAPTER 2  管理你的愤怒情绪

# CHAPTER 3　处理与他人的关系

1

# CHAPTER 1
## 了解你的愤怒情绪

很多孩子在处理愤怒情绪方面存在困难。你知道吗？通过学习一些重要的技能，就像学习阅读、数学或者如何打棒球一样，你就能学会控制愤怒情绪。

这一部分的活动会教你识别生活中引起你愤怒情绪的原因，了解愤怒情绪如何影响你的身体；你也能学到一些重要的生活技能，让你不再感到愤怒。当你的愤怒情绪减少时，你会发现，和朋友、家人愉快相处是多么容易的事。毕竟，做个孩子还是很有趣的！

# Activity 1

## 活动 1　愤怒有很多种

· **你要知道** · 愤怒有很多种：你可能只是有点儿烦躁，也可能已经怒火中烧。你可以学会处理各种愤怒情绪，并用合适的方式表达出来。

科学家告诉我们，人类有 300 多种不同的情绪。有些是"小"情绪，我们能够感受得到，但它们通常对我们的行为没有明显的影响。你能想出一些"小"情绪吗？

有的情绪是"大"情绪，这些情绪不仅我们自己能感受得到，其他人也能感受得到。你能想出一些"大"情绪吗？如果你想不起情绪的名称，可以查阅活动 6 中列出的情绪名称。

同一种情绪也会有程度不同的区分，比如当你感到愤怒时，你可能是烦躁、恼怒或暴怒。烦躁是"小"情绪，暴怒是"大"情绪，而恼怒则处于两者之间。

当你感受到不同程度的愤怒时，你可以有很多种反应方式。如果你用同样的方式回应，人们可能认为你是一个易怒的孩子，他们无法理解你需要什么或想要什么。下面就是这样一个例子。

马修是一个看起来总爱生气的男孩。当马修的妈妈像对待婴儿一般对待他时，他就会生气。马修的爸爸工作辛苦，没法回家，他也会生气。马修认为老师在班里偏向一些学生，而他却不在其中，对此他也很生气。他说："弗里德曼老师不喜欢我，所以我也不喜欢她。"

当马修生气的时候，他会沉下脸来，把胳膊交叉放在胸前，转过身背对那个让他生气的人。当有人问他怎么了时，他都不转过身来。很快，当马修生气的时候，人们就不再和他说话了。这样一来，马修就更生气了，因为似乎没有人关心马修的感受。

# Foryou

# 你　要　做　的

记住，愤怒有很多种，你的反应方式也有很多种，这很重要。

完成下面的句子，可以帮你思考这一点。

让我烦躁的事是 ...........................................

当我烦躁的时候，最好的办法是 ...........................................

让我恼怒的事是 ...........................................

当我恼怒时，我可以 ...........................................

让我想要大喊大叫的事是 ...........................................

不要大喊大叫，我可以 ...........................................

让我想要踢墙的事是 ...........................................

不要踢墙，我可以 ...........................................

# For you
## 更 多 你 要 做 的

>> 你能写出或说出 5 种 "小" 情绪吗？

**1** .................................................................

**2** .................................................................

**3** .................................................................

**4** .................................................................

**5** .................................................................

>> 你怎么表达每种 "小" 情绪？

**1** .................................................................

**2** .................................................................

**3** .................................................................

**4** .................................................................

**5** .................................................................

>> 你能写出或说出 5 种 "大" 情绪吗?

**1** .......................................................

**2** .......................................................

**3** .......................................................

**4** .......................................................

**5** .......................................................

>> 你如何表达每种 "大" 情绪?

**1** .......................................................

**2** .......................................................

**3** .......................................................

**4** .......................................................

**5** .......................................................

# Activity 2

## 活动 2　你的脸上写着愤怒

· **你要知道** · 情绪来自于我们心里，但我们会通过外在表现出来，尤其是通过我们的面部表情。我们所有的情绪都是真实的，包括愤怒。人们甚至在我们开口说话之前就能看出我们生气了。

看看下面这些孩子的表情，你能看出生气的表情有什么特点吗？

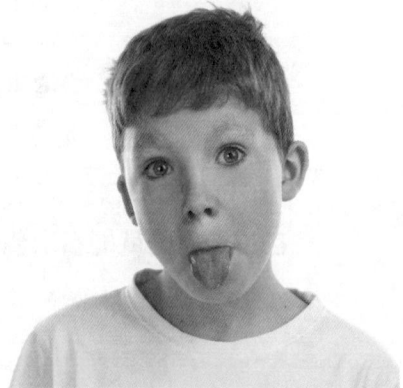

# *For you*

你　　要　　做　　的

　　现在，分别在下面的 4 张脸中画出愤怒的表情。试着每个都画得有所区别。你最好翻翻旧杂志，找出那些看起来生气的人。哪张脸看起来最愤怒呢？哪张脸看起来只是稍微有些愤怒呢？

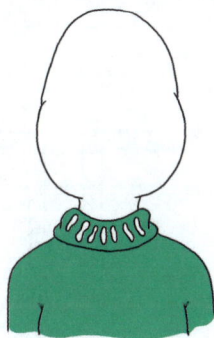

# Foryou

# 更 多 你 要 做 的

## Idea  有的人很擅长读懂表情。什么工作对人们有这种要求呢？

.............................................

动物也有情绪，它们的情绪也会表现在脸上。试着找出 6 张看起来有不同表情的动物的图片，把图片贴在下面的相框中。

**Share** 有的人意识不到别人能看懂他们的情绪。你有没有遇到过一个人，你不说一句话，他就能知道你的情绪？描述一下这件事是怎么发生的。

........................................................

........................................................

　　翻阅一本旧杂志，找出表现出这些情绪的面孔：开心，悲伤，愤怒，骄傲。把这些面孔剪下来，然后给其他人展示，让其他人告诉你每张面孔表达的是什么情绪。其他人告诉你的和你想的是一样的吗？

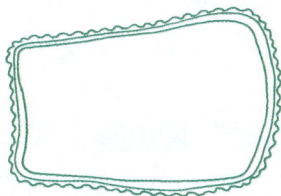

# Activity 3

## 活动 3　你的身体告诉人们你很愤怒

· **你要知道** · 了解身体语言是很有帮助的，因为身体语言是我们表达情绪的方式之一。有时我们的表情和身体在说一回事，而我们嘴上说的却是另外一回事。如果你能够读懂身体语言，你会更好地理解他人的情绪，并且用恰当的方式做出回应。

当你感受到强烈的情绪时，你的身体会表达出你的情绪。如果你很愤怒，你的肌肉可能会紧张，你的心跳可能会加速，你的呼吸可能更快更况，你的脸可能会感觉发热。有时候，愤怒可能会让你疼痛。如果你长时间愤怒，你可能会头痛或胃痛。其他人仅仅通过观察你的身体表现，就能看出你很愤怒。

▶ 通过你站立的方式，人们能看出你很愤怒。

▶ 通过你的手部动作，人们能看出你很愤怒。愤怒时，人们有时会握拳、把手藏在口袋里，或者把手藏在背后。

▶ 人们能通过你的表情，看出你很愤怒（见活动 2）。

▶ 通过你与他人的位置，人们能看出你很愤怒。愤怒的人通常会后退，与令他们愤怒的人保持更远的距离；但如果他们想打架，他们会走近那个令他们愤怒的人。

你的身体语言不是只有一种变化——告诉人们你很愤怒，你的愤怒可能在很多方面有体现。

# For you

# 你　要　做　的

下面两页的图片中有不同情绪的孩子。圈出那些你认为看起来愤怒的孩子。在你圈出的每幅图片的右侧，写出让你觉得他们表现出愤怒情绪的身体语言。

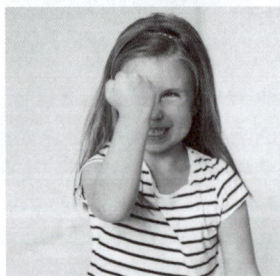

· · · · · · · · · · · · · · · · · · · · · · · · · · · · · · · · · · · ·

· · · · · · · · · · · · · · · · · · · · · · · · · · · · · · · · · · · ·

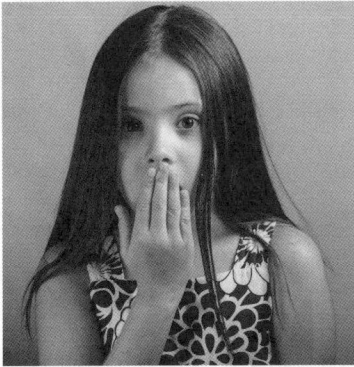

· · · · · · · · · · · · · · · · · · · · · · · · · · · · · · · · · · · ·

· · · · · · · · · · · · · · · · · · · · · · · · · · · · · · · · · · · ·

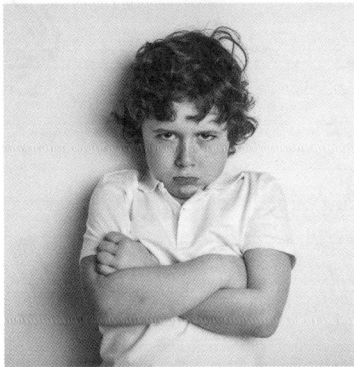

· · · · · · · · · · · · · · · · · · · · · · · · · · · · · · · · · · · ·

· · · · · · · · · · · · · · · · · · · · · · · · · · · · · · · · · · · ·

# For you

## 更 多 你 要 做 的

## Share

你曾经远离那些看起来愤怒的人吗？事情的经过是怎样的？

........................................................

........................................................

........................................................

当你看起来愤怒的时候，你认为人们对你的态度会有变化吗？

........................................................

如果有人看起来总是很愤怒，你认为人们会与他交朋友吗？

........................................................

假设你放学回家时，看到妈妈似乎很愤怒，尽管她没有说你做错什么了。你会做一些与平时不一样的事吗？

· · · · · · · · · · · · · · · · · · · · · · · · · · · · · · · · · · · · · · · · · · · · · · · · · · · · ·

· · · · · · · · · · · · · · · · · · · · · · · · · · · · · · · · · · · · · · · · · · · · · · · · · · · · ·

· · · · · · · · · · · · · · · · · · · · · · · · · · · · · · · · · · · · · · · · · · · · · · · · · · · · ·

17

# Activity 4

## 活动 4  你有愤怒按钮

**·你要知道·** 当你了解自己的愤怒按钮，即会引起你愤怒的原因时，你可以学会躲开它们或更好地面对它们。你不必让他人或环境"控制"这些按钮。

没有人总是愤怒，通常是某些处境或某些人让我们愤怒。

每个人对于让他们愤怒的事的反应都不一样，但是有愤怒问题的孩子，会比其他孩子更容易注意到这些事，对这些事更敏感。

当有一件事总会让我们愤怒时，我们将其称之为"愤怒按钮"。就像你的脑子里有一个可以开关的小按钮，当有人做了这件事时，这个按钮就会打开你的愤怒指示灯。

哪些事会打开你的愤怒按钮呢？在那些总是让你愤怒的事前面打√。

___ 被嘲笑。　　　　　　　　___ 某些学校作业。

___ 有人要求你做什么事。　　___ 某些家务。

___ 某些声音。　　　　　　　___ 你的兄弟姐妹。

___ 被人用某种方式盯着看。　___ 某个女孩。

___ 没有得到你想要的。　　　___ 某个男孩。

___ 不公平的规则。　　　　　___ 学校里日常会发生
　　　　　　　　　　　　　　　的一些事。

列出其他总是打开你的愤怒按钮的事。

▶ .............................................................

▶ .............................................................

19

# Foryou
## 你　要　做　的

　　在卡通人物的左侧有 5 个按钮，在每个按钮旁写下 1 件总是打开你的愤怒按钮的事；在卡通人物右侧也有 5 个按钮，在每个按钮旁，写下 1 件总是关闭你愤怒按钮的事。

# Foryou

## 更 多 你 要 做 的

📖 哪个愤怒按钮能通过仅仅回避一个情境就可以关闭？

........................................................................

........................................................................

📖 哪个愤怒按钮代表你必须要解决的问题？你需要首先解决哪个
问题？

........................................................................

........................................................................

📖 谈论那些令你愤怒的事有帮助吗？你能告诉谁？

........................................................................

........................................................................

假设你有冷静按钮而不是愤怒按钮。列举 5 件能让你马上冷静下来的事。

1 ．．．．．．．．．．．．．．．．．．．．．．．．．．．．．．．．．．．．．．．．．．．．．．．．．．．．．．．．．．．．．．．．．．．．．．．

2 ．．．．．．．．．．．．．．．．．．．．．．．．．．．．．．．．．．．．．．．．．．．．．．．．．．．．．．．．．．．．．．．．．．．．．．．

3 ．．．．．．．．．．．．．．．．．．．．．．．．．．．．．．．．．．．．．．．．．．．．．．．．．．．．．．．．．．．．．．．．．．．．．．．

4 ．．．．．．．．．．．．．．．．．．．．．．．．．．．．．．．．．．．．．．．．．．．．．．．．．．．．．．．．．．．．．．．．．．．．．．．

5 ．．．．．．．．．．．．．．．．．．．．．．．．．．．．．．．．．．．．．．．．．．．．．．．．．．．．．．．．．．．．．．．．．．．．．．．

# Activity 5

## 活动 5　用积极的方式表达愤怒

· **你要知道** · 每个人都会愤怒，但有的人会用错误的方法表达他们的愤怒。当你学会用正确的方法表达愤怒时，你就不会因为行为不当而陷入麻烦了。

有时候你可能想摔门、大叫或者踢墙，做这些事并不能使你感觉愤怒减少，而且做这些事可能还会让你陷入麻烦。很多人，包括孩子和成年人，都应该学会如何管理自己的愤怒。

当你愤怒时应该做什么积极的事？这里有一些建议：

▶ 谈论使你愤怒的事。

▶ 画 1 幅能表达情绪的画。

▶ 做一些像运动、玩游戏之类的事，这会让你把注意力从令你愤怒的事上转移出来。

▶ 听音乐。

▶ 找一些让你发笑的东西。

▶ 四处走走，直到冷静下来。

▶ 做 5 个深呼吸。

▶ 坐下来放松肌肉。

▶ 思考是什么扰乱了你，把它当作一个你可以解决的问题。你可能发现，当你愤怒时，有些事比其他事更能帮助你。

# For you

## 你　要　做　的

### 冷静游戏

找一个成年人和你一起玩冷静游戏。你可能需要一份游戏单复印件，10 枚 1 角硬币和 10 枚 5 角硬币。这个游戏的目的是把硬币投到"冷静圈"里，得到最高的分数。下面是游戏规则：

**1** 每个人 10 枚硬币，一方都是 1 角硬币，另一方都是 5 角硬币。

**2** 轮流投硬币，努力把硬币投到"冷静圈"里。如果硬币落在至少一半的圆圈内，你就有机会得到圆圈内显示的分值。为了得到分数，你必须说出当你愤怒时，你如何使用圆圈内的技巧。

**3** 如果硬币落在一个愤怒的脸上，就要减掉愤怒的脸上显示的分值。

**4** 当所有硬币都投完了，谁获得的硬币最多，谁就是胜利者。

# 冷 静 游 戏

和朋友谈论
什么惹怒了你
+3

听舒缓
的音乐
+1

和别人
玩游戏
+2

画 1 幅
愤怒的
图片
+1

找一些
让你发笑
的东西
+2

做 5 个
深呼吸
+3

想 2 个
可以解决
问题的方法
+2

在一定
范围内走走，
直到你冷静下来
+1

坐下来
放松肌肉
+2

# Foryou

## 更 多 你 要 做 的

写下当你愤怒时你能做的 5 件积极的事。

**1** ..............................................................

**2** ..............................................................

**3** ..............................................................

**4** ..............................................................

**5** ..............................................................

# Activity 6

## 活动 6　了解你所有的情绪

· 你要知道 · 这本书是帮你了解和控制愤怒情绪的，但你还有很多其他的情绪。每一天，你都有各种情绪来来去去，大多数时间你甚至没有意识到这些情绪。

为什么了解自己和他人的情绪很重要呢？圈出下面你认为对的句子：

**1** 当我告诉人们我的情绪如何时，他们会更了解我。

**2** 当我告诉人们我的情绪如何时，我会感觉更好。

**3** 当我告诉人们我的情绪如何时，我更有可能得到我想要的和我所需要的东西。

**4** 当我告诉人们我的情绪如何时，他们可能会不理我。

**5** 当我了解朋友的情绪时，我们可能会相处得更好。

**6** 当我了解父母和老师的情绪时，我们可能会相处得更好。

**7** 如果我谈论太多自己的感受，没有人会想和我在一起。

你越了解自己所有的情绪，就越有能力了解和控制愤怒情绪。

# Foryou
## 你 要 做 的

下面这些脸共显示了 20 种不同的情绪。在每个脸的旁边，描述一下你曾经产生这种情绪时的情况，然后圈出 3 种你最常有的情绪。

 . . . . . . . . . . . . . . . . . . . . . . . . . . .

. . . . . . . . . . . . . . . . . . . . . . . . . . .

无聊

 . . . . . . . . . . . . . . . . . . . . . . . . . . .

. . . . . . . . . . . . . . . . . . . . . . . . . . .

勇敢

 . . . . . . . . . . . . . . . . . . . . . . . . . . .

. . . . . . . . . . . . . . . . . . . . . . . . . . .

冷静

 . . . . . . . . . . . . . . . . . . . . . . . . . . .

. . . . . . . . . . . . . . . . . . . . . . . . . . .

困惑

 . . . . . . . . . . . . . . . . . . . . . . . . . . .

. . . . . . . . . . . . . . . . . . . . . . . . . . .

失望

 . . . . . . . . . . . . . . . . . . . . . . . . . . .

. . . . . . . . . . . . . . . . . . . . . . . . . . .

尴尬

 . . . . . . . . . . . . . . . . . . . . . . . . . . .

. . . . . . . . . . . . . . . . . . . . . . . . . . .

兴奋

 . . . . . . . . . . . . . . . . . . . . . . . . . . .

. . . . . . . . . . . . . . . . . . . . . . . . . . .

内疚

高兴 · · · · · · · · · · · · · · · · · · · · · · · · · · · ·

烦躁 · · · · · · · · · · · · · · · · · · · · · · · · · · · ·

嫉妒 · · · · · · · · · · · · · · · · · · · · · · · · · · · ·

孤单 · · · · · · · · · · · · · · · · · · · · · · · · · · · ·

喜爱 · · · · · · · · · · · · · · · · · · · · · · · · · · · ·

发火 · · · · · · · · · · · · · · · · · · · · · · · · · · · ·

骄傲 · · · · · · · · · · · · · · · · · · · · · · · · · · · ·

难过 · · · · · · · · · · · · · · · · · · · · · · · · · · · ·

害怕 · · · · · · · · · · · · · · · · · · · · · · · · · · · ·

害羞 · · · · · · · · · · · · · · · · · · · · · · · · · · · ·

惊讶 · · · · · · · · · · · · · · · · · · · · · · · · · · · ·

受挫 · · · · · · · · · · · · · · · · · · · · · · · · · · · ·

# Foryou

# 更 多 你 要 做 的

>> 写下带给你不愉快记忆的情绪。

......................................................

......................................................

>> 写下带给你美好回忆的情绪。

......................................................

......................................................

>> 你认为为什么谈论情绪是重要的?

......................................................

......................................................

)) 你圈出的 3 种最常有的情绪是什么？愤怒是其中的一种吗？

..............................................................

..............................................................

)) 返回前几页，圈出你希望最常有的情绪。写下为了更多地拥有这种情绪，你能做的一些事。

..............................................................

..............................................................

..............................................................

..............................................................

# Activity 7

## 活动 7　减少生活中的压力

· **你要知道** · 压力意味着生活中有压迫你的事令你
不开心。当你处于很大的压力之下时，你就很难控制
你的愤怒情绪。当你学会减轻生活中的压力，你会对
自己和他人感觉更好。

太多的家庭作业可能是一种压力，一天中有太多事要做可能也会导致压力，尝试加入棒球队可能是一种压力。你可能早就知道，这些事是有压力的，因为它们让你心烦意乱、担心或不开心。

甚至一些人们享受的事情也可能导致压力，但这通常更难识别。举些例子：

▶ 有的孩子喜欢听吵闹的音乐，但吵闹的音乐会对身体造成压力。

▶ 很多孩子喜欢看电视和玩电子游戏，但长时间看电视和玩电子游戏会对身体造成压力。

▶ 大多数孩子喜欢垃圾食品和甜食，但含有太多脂肪和糖分的食物会对身体造成压力。

▶ 熬夜是很有趣的，但如果你得不到充足的睡眠，你的身体也会有压力。

当你的身体感觉有压力时，很多地方都会出毛病。你的血压和心率可能会升高和加快，你可能会头痛或胃疼，你可能会更烦躁和不开心。过多的压力可能也会让你愤怒。当你减少生活中的压力，控制愤怒情绪会更容易。

人的一生中会有很多压力，很多人意识不到正是这些压力让他们不开心、不健康。当然，你无法把所有的压力都从生活中清理出去，而且有很多压力是你必须学会面对的。但即使是减轻一点点压力，你也会感觉更好。

# Foryou
# 你　　要　　做　　的

下面的表格会帮你成为一个压力侦探。你可以通过这个表格，看看什么会导致你产生压力，你能为摆脱这些压力做些什么。你应该和一个成年人一起完成这个表格，这个成年人应该知道你生活中没有意识到的一些压力。

| 导致你产生压力的事 | 你如何减轻这种压力 |
| --- | --- |
|  |  |
|  |  |
|  |  |
|  |  |
|  |  |
|  |  |
|  |  |

# *For you*

## 更 多 你 要 做 的

拥有一个健康的生活方式会减轻你的压力。

· · · · · · · · · · · · · · · · · · · · · · · · · · · · · · · · · · · · · · · · · ·

写下至少 3 件你能做的、可以让生活方式更健康的事情。

**1** · · · · · · · · · · · · · · · · · · · · · · · · · · · · · · · · · · · · · · · · · · · ·

**2** · · · · · · · · · · · · · · · · · · · · · · · · · · · · · · · · · · · · · · · · · · · ·

**3** · · · · · · · · · · · · · · · · · · · · · · · · · · · · · · · · · · · · · · · · · · · ·

什么是你无法改变的压力？你确定它无法改变吗？为了减轻这种压力，哪怕减轻一点点，你能做些什么？

· · · · · · · · · · · · · · · · · · · · · · · · · · · · · · · · · · · · · · · · · ·

· · · · · · · · · · · · · · · · · · · · · · · · · · · · · · · · · · · · · · · · · · · ·

· · · · · · · · · · · · · · · · · · · · · · · · · · · · · · · · · · · · · · · · · · · ·

有哪些工作会伴随着很多压力呢？做这些工作的人会有什么压力？

.........................................................

.........................................................

**Share** 你认识的人中，谁能帮你减轻生活中的压力？说说你怎么向这个人寻求帮助。

.........................................................

.........................................................

.........................................................

# Activity 8

## 活动 8　远离暴力节目和暴力游戏

· **你要知道** · 暴力电视节目和电子游戏会让你更难控制自己的愤怒情绪，你观看的暴力节目越少越好。

科学家认为，如果你看了过多的暴力节目，玩了太多的暴力游戏，你会越来越容易愤怒，攻击性也会越来越强，即使你没有意识到。

电视对人有很大的影响。想一想你在电视上看到过多少个快餐店的商业广告，你知道为什么你会看到这么多快餐店的广告吗？因为那些快餐店希望你去那里吃饭。你猜怎么样？每天有上百万人这么做了！他们在那些快餐店吃饭，即使他们知道菜单上的很多食物是不健康的。

让我们回到暴力电视节目和电子游戏。这些节目可能看起来很有趣，这些电子游戏可能很好玩，但它们对你都是不利的，就像快餐对你来说是不健康的一样。有足够多的电视节目和电子游戏对你是更有益的。

# For you
# 你 要 做 的

下一页有 6 个屏幕，帮你思考你在看什么、玩什么。在每个屏幕中分别画一个对你有害的电视节目或电子游戏，在每个屏幕下方写出这个节目或游戏的名字。

# Foryou

## 更 多 你 要 做 的

>> 很多孩子喜欢暴力节目和电子游戏，但它们确实对你是有害的，尤其是当你在学习控制愤怒情绪的时候。什么会帮助你放弃看这些节目或玩这些游戏呢？

...............................................................

...............................................................

>> 暴力电视节目和电子游戏对孩子是不好的，为什么有公司会制作这些暴力节目和游戏呢？

...............................................................

...............................................................

>> 假设你找出所有的暴力电子游戏，把它们都扔进垃圾筐。你这么做会有什么感觉？你能做到吗？

......................................................

......................................................

>> 假设你每天看 1 小时电视。你会看什么呢？为什么你认为减少看电视的时间是一个好主意呢？

......................................................

......................................................

# Activity 9

活动 9　睡个好觉

· **你要知道** · 当你睡得好的时候，你会感觉更好。
当你得不到充足的睡眠时，你会很烦躁，更有可能产
生愤怒情绪。

大多数人意识不到睡眠对健康是很重要的。每晚睡八九个小时，和吃健康的食物、进行充分的锻炼一样重要。在美国几乎每4个人中就有1个人（包括孩子和成年人）需要更多的睡眠。如果一个人没有得到充足的睡眠，你能分辨出来吗？下面有一些线索，在你认为没有得到充足睡眠的表现前打√。

- ☐ 总是打哈欠。
- ☐ 不开心。
- ☐ 很难集中注意力。
- ☐ 很笨拙。
- ☐ 总是忘事。
- ☐ 抱怨很疲倦。
- ☐ 总是躺在沙发上。
- ☐ 看了很多电视。
- ☐ 有黑眼圈。
- ☐ 吃多糖的食物，或者喝含有咖啡因的饮料（像苏打水或咖啡）以保持精力旺盛。
- ☐ 在学校或工作中不能表现得很好。
- ☐ 容易疏忽。
- ☐ 头痛。

如果你在以上所有表现前面都打了√，你就对了。这些都是一个人没有获得充足睡眠的表现。

# Foryou

## 你　要　做　的

我们认识的一些孩子告诉了我们，为什么他们会睡得很晚。看看下面的句子，然后填写相应的字母完成句子，看看为什么这些孩子不能得到充足的睡眠，然后标出描述你的那些句子。答案在下一页。

**1** 我睡觉前看电视。I watch tel _ _ _ _ _ _ n until I fall asleep.

**2** 我喜欢用手机和人聊天。I like to talk on my _ _ _ l phone.

**3** 我听音乐。I listen to _ _ _ _ c.

**4** 我喜欢在床上读书。I like to _ e_ _ my book in bed.

**5** 我担心白天发生的所有的事。I w_ rr_  about all the things that happened during the day.

**6** 虽然没有一个朋友知道，但我怕黑。None of my friends know, but I'm afraid of the _ ar _.

**7** 我喜欢和父母一样睡很晚。I like to stay up as late as my par _ _ _ s.

**8** 我喜欢即时通讯（IM）和玩电脑。I like to IM and play on my c _ _ _ _ t _ _.

# Idea 你能列出关于不能得到充足睡眠的其他两个原因吗?

❶ ............................................

❷ ............................................

# For you
## 更 多 你 要 做 的

>> 你认为自己睡得好吗？你愿意晚上早点儿睡觉吗？

.............................................................

.............................................................

>> 电视和电脑可能很有趣，但这些东西也诱惑你，使你不想睡觉。你房间里有电视和电脑吗？你房间里还有其他让你不想睡觉的东西吗？

.............................................................

.............................................................

>> 你的父母有充足的睡眠吗？你怎么知道的？你认为这是一个问题吗？

.............................................................

>> 早上醒来的时候你有什么感觉？你感觉精力充沛并且心情愉快吗？当你有充足睡眠的时候，你会感觉更好吗？

..................................................................

..................................................................

..................................................................

# Activity 10

## 活动 10　吃得更好

·**你要知道**·你吃的东西会影响你的心情。当你吃了太多含糖的食物时，你可能会很亢奋，因为你立即获得了充足的能量，但不一会儿，你就可能感到烦躁、愤怒或者郁闷。

你知道让自己感觉良好的最佳食物有哪些吗？答案是均衡的饮食，包括蛋白质（肉，鸡，鱼，蛋）、碳水化合物（面包，面条，水果，蔬菜）和脂肪。很多食物中都有脂肪，包括乳制品和肉类，但不是所有的脂肪都是一样的。某些脂肪是反式脂肪，这种脂肪会阻塞你的动脉，让你的心脏工作更困难。

　　健康的饮食意味着计划好三餐，并考虑食物如何影响你的身体和心理。尽管大多数时候是成年人买菜做饭，但你仍然要让自己吃得更好。你可以停止吃那些对你不好的食物，并且尝试更多好的食物。你也可以和父母讨论家庭的饮食习惯。当一家人都改变了饮食习惯，每个人都会获益。

# Foryou
# 你 要 做 的

不同的食物会以不同的方式影响你的身体，把右侧的食物和左侧的句子正确地连起来。答案在本页的最底部。

**1** 这种食物中有让你犯困的化学物质。                     盐

**2** 这种食物为你提供即时的能量。                         西梅

**3** 这种食物为你提供长期的能量。                         水

**4** 这种食物会抑制排汗。                                 火鸡

**5** 这种食物帮你形成肌肉。                               苹果

**6** 这种食物利于排便。                                   面条

**7** 你的身体大多是由这种物质组成，                       牛排

   并且你每天都需要获取充足。

1. 火鸡 2. 苹果 3. 面条 4. 盐 5. 牛排 6. 西梅 7. 水

参考答案:

# For you

## 更 多 你 要 做 的

》》 你的饮食均衡吗？怎么改善你的饮食？

.............................................................

.............................................................

.............................................................

## Share

你有没有注意过你吃的东西会改变你的心情？你能想出一次你吃了很多糖，然后变得很亢奋的经历吗？

.............................................................

.............................................................

.............................................................

为了健康，你应该少吃哪种食物？

................................

................................

................................

为了健康，你需要多吃哪种食物？

................................

................................

................................

2

# CHAPTER 2
## 管理你的愤怒情绪

　　有的孩子会去找心理咨询师帮助他们控制脾气，向心理咨询师学习如何用更好的方法表达自己的情绪。在这一部分，你会学到咨询师教给孩子们的技巧，包括深呼吸、积极思考和创造性地解决问题。这一部分的活动会教你如何控制情绪，而不是让情绪控制你。所有的技巧都很好用，但是就像其他任何一种技巧一样，只有你反复练习，才能自如地应用于生活中，也就是熟能生巧。

# Activity 11

## 活动 11  谈谈你的情绪

· **你要知道** · 孩子会用不同的方式表达自己的愤怒。有的孩子会大叫、摔门或者顶嘴，有的孩子不会说是什么使他们愤怒，他们会和他人冷战。生闷气永远不能解决你的问题。谈论是什么困扰了你可能很难，但这几乎总是有帮助的。

当艾伦愤怒的时候，他总是生闷气，不说一句话。有一次，艾伦的妈妈让他不要和朋友出去骑单车，而要完成家庭作业，艾伦整整一周没和家人说话！艾伦不论在早上还是在晚上睡觉前都不向父母问好，吃晚餐的时候也不说一句话。当父母问他问题时，他也不理睬。

过去，艾伦的父母会屈服于他的沉默。他们会努力逗他笑，求他告诉自己哪里做错了，甚至给他买玩具、请他吃美食来哄他开口说话。但当艾伦生气的时候，他仍然会对父母置之不理。最终，艾伦的父母认为，除非艾伦自己想说，否则他们对让艾伦开口说话这件事无能为力。

如果你曾经像艾伦一样，这个活动会帮你谈论是什么使你生气了，即使你不喜欢谈论。

# Foryou

# 你　　要　　做　　的

想一想你某一次生气的经历，然后填写下面关于谈论事情是怎么发生的空白，填好后读给对你管理愤怒情绪有帮助的人听。他可能是让你愤怒的那个人，也可能是其他人。

➤➤ 让我生气的事是 ...............................

（描述是怎么发生的）

➤➤ 当 .......... 说 ...............................

（人名）　　　　　　（那个人说了什么）

➤➤ 我感觉 ...............................

（你的主要情绪）

➤➤ 我也感觉 ...............................

（一个不同的情绪）

➤➤ 我知道我 ...............................

（你做了什么）

❱❱ 但那是因为我 ......................................
（你那样做的原因）

❱❱ 如果我再这样做的时候，其他人说 ....................
（你更喜欢别人说什么）

❱❱ 那么我会感觉 ......................................
（你可能有的情绪）

❱❱ 那我会 ...........................................
（你会怎么做）

这会是一个很好的改变!

# For you
# 更 多 你 要 做 的

◦◦ 有没有人和你冷战过？你怎么才能打破冷战的僵局？

............................................................

............................................................

◦◦ 你觉得为什么有的人很难谈论他们的情绪？

............................................................

............................................................

◦◦ 写出 2 个可以和你谈论情绪的成年人的名字。为什么你觉得和
他们谈论情绪是很容易的呢？

............................................................

............................................................

≫ 写出 2 个可以和你谈论情绪的孩子的名字。为什么你觉得和他们谈论情绪是很容易的呢？

① . . . . . . . . . . . . . . . . . 　② . . . . . . . . . . . . . . . . .

# Activity 12

## 活动 12　用深呼吸让自己平静

· 你要知道 · 当你愤怒、焦虑或恐惧时，深呼吸是让你平静下来的重要方法之一。深呼吸也许会让你感觉更好。

深呼吸会给你的大脑带来更多的氧气，减慢你的心跳速度，并降低你的血压，这些身体上的改变会让你感觉更平静、愤怒更少。

仅仅是慢慢地做深呼吸就会有帮助，但这里也有一些特殊的呼吸方法，会使你感觉更放松。

▶ 坐在一个舒适的椅子上，并靠在椅背上。

▶ 当吸气和呼气时，把注意力放在你的呼吸上。

▶ 尝试从隔膜呼吸，隔膜是你腹部的肌肉。

▶ 当你呼吸时，在脑海中想一个平静的、舒适的地方。

▶ 想象你在这个平静的地方。如果你想，可以闭上你的双眼。

当然，如果你对那些嘲笑你或对你大叫的人感到愤怒，你不必非要说"等一等"，然后坐下练习深呼吸。你要一开始就把注意力放在缓慢的呼气和吸气上。如果你已经在家里的椅子上练习过深呼吸，当你处在一个使你愤怒的情境中时，这个方法会更有效地帮助你。

# For you

## 你 要 做 的

在下面的画框中，画一幅当你练习深呼吸时你所想到的平静的画面。你可能想象出云朵、落日、花海或者在水中划船的画面。如果你愿意，你也可以从旧杂志上剪下那些让你感觉平静的图片，或者在网上找平静的图片打印出来，然后粘贴在下面的画框中。

# Foryou
# 更 多 你 要 做 的

➳ 如果你每天都练习深呼吸，深呼吸会发挥最佳作用。什么时间
　是你练习深呼吸最好的时间？

·········································································

➳ 瑜伽是练习放松和深呼吸的另外一种方式。你有认识的人在练
　瑜伽吗？你有兴趣学习瑜伽吗？

·········································································

➳ 放松是一个好的习惯，但是这不意味着你能做到！你能想出一
　些可能会妨碍你放松的事吗？

·········································································

·········································································

你能在家里创造一个舒适的空间，让自己练习放松吗？这个空间会是什么样子？

......................................................

......................................................

......................................................

......................................................

# Activity 13

## 活动 13　放松你的身体

· **你要知道** · 当你把深呼吸和肌肉放松结合使用时，你会是最放松的。做这些事会帮你在心烦时学会平静。

学习放松可能看起来是一件很有趣的事，你可能会想，你所能做的就是坐在椅子上，打开电视，然后你会是放松的。

但是，我们谈论的是另外一种放松。这种方法是当你心情糟糕或者沮丧、焦虑的时候可以使用的。无论你在哪儿，你不需要任何东西就可以感觉到平静，并且可以让愤怒消失。这种放松会帮助你控制情绪。学会这种放松的方法，可以改变你的心情，就好像换电视频道一样。

# Foryou

# 你　要　做　的

肌肉放松很容易。

▶ 坐在一个舒适的椅子上，开始深呼吸。

▶ 从你的脖子开始，努力放松你的肌肉。如果你喜欢，你可以用手按摩你的脖子。

▶ 现在，放松你的肩膀。记得当你放松肩膀的时候，保持深呼吸，并把胳膊放下来。

▶ 接着，放松你的胳膊，从胳膊的上端到下端，然后到你的手指。让你胳膊的紧张都走开。

▶ 深呼吸然后放松你的躯干。放松你的胸部，你的腹部，然后是你的臀部。让躯干的所有紧张都走开，你会柔软地沉坐在椅子上。

▶ 最后，放松你的双腿。从你的大腿开始，接着是你的膝盖，然后是你的小腿。现在放松你的双脚，然后往下到你的脚趾。

▶ 当你身体的每块肌肉都得到放松以后，你继续深呼吸几分钟。你也可以闭上眼睛在脑海里想想平静的地方。

放松肌肉需要你进行练习。在你进行练习时，你可能需要有个成年人在旁边慢慢地念这些步骤。

# For you

# 更 多 你 要 做 的

〰 大多数人的脖子、肩膀和背部都会感觉紧张。有的人会感觉胳膊和腿部肌肉紧张。当你愤怒或心烦的时候，你觉得身体哪个部位最紧张呢？

你经常头疼或胃疼吗？你觉得为什么有的人在心烦的时候会有身体的疼痛？

· · · · · · · · · · · · · · · · · · · · · · · · · · · · · · · · · · · · · · · · · · · ·

有的孩子很难放松他们的身体，你觉得这是为什么呢？放松身体对你来说难吗？

· · · · · · · · · · · · · · · · · · · · · · · · · · · · · · · · · · · · · · · · · · · ·

拉伸也能帮你放松身体。你会在早晨或运动之前进行拉伸吗？你怎么拉伸身体不同部位的肌肉呢？

· · · · · · · · · · · · · · · · · · · · · · · · · · · · · · · · · · · · · · · · · · · ·

# Activity 14

## 活动14　管理不良情绪

**·你要知道·** 我们有很多不同的情绪，其中有些情绪是令人苦恼的。当你学会管理不良情绪，生活会更轻松。

愤怒不是唯一一种不良情绪，这里还有其他一些不良情绪：

▶ 嫉妒　　▶ 贪婪　　▶ 焦虑　　▶ 悲伤

▶ 怨恨　　▶ 厌恶　　▶ 恐惧

**Idea** 你能想出其他令你不开心的情绪吗？把你想到的写在下面。

有些情境也许会给你带来强烈的不良情绪，例如下面这些情境：

▶ 一次很难的考试。　▶ 去医院。

▶ 有人给你起绰号。　▶ 在路上看到动物的尸体。

**Idea** 你能想出其他带给你强烈的不良情绪的情境吗？

# Foryou

## 你 要 做 的

下面的量表会帮助你了解和控制不良情绪。当你有不良情绪时，把你的手指放在那个表现出你的情绪的表情上，然后看看你是否能够使用这些技巧控制情绪：深呼吸、放松肌肉、想象、听音乐、写下来、阅读、散步或者想想关心他人。

控制你的情绪

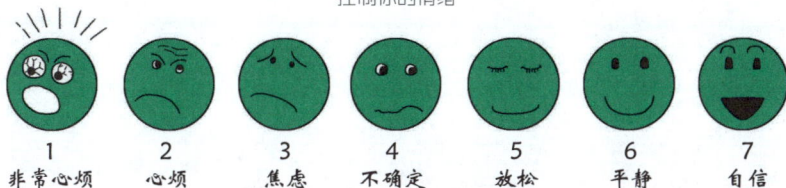

| 1 | 2 | 3 | 4 | 5 | 6 | 7 |
|---|---|---|---|---|---|---|
| 非常心烦 | 心烦 | 焦虑 | 不确定 | 放松 | 平静 | 自信 |

12 种控制不良情绪的方法
（愤怒，焦虑，恐惧，抑郁）

1. 做 5 个深呼吸，每次呼吸都要非常缓慢。
2. 放松你的身体，从脖子开始到你的脚趾。你可以按摩每一处肌肉来帮你放松。
3. 闭上双眼，假装你在一个平静的地方。用你所有的感觉来体验这个地方。
4. 听安静、放松的音乐。
5. 像从午睡中醒来的小猫一样伸伸懒腰。
6. 慢慢地画同心圆。你每画一个圆圈，就深呼吸，然后你会感觉自己更放松。
7. 对自己说 10 次"我能做到"。你每说一次，你会感觉更平静、更有力量。
8. 读一篇能鼓励你的文章或一本能鼓励你的书。
9. 在一个安静的地方长时间散步。
10. 看一些漂亮的事物，如云朵或者花，最少看 5 分钟。注意其每一个细节。
11. 嚼无糖的口香糖。无糖口香糖会在你大脑中产生有镇定作用的化学物质。
12. 想想并感恩你生命中所有美好的事物。

从 3 岁的孩子到成年人都可以使用这个量表，指出能最准确地描述你的情绪的表情。尝试 1 种技巧，最少做 5 分钟。然后指出能最准确地描述你的情绪的表情，看看你的分数是否有所提高。尝试不同的技巧，直到你的分数提高到 5~6 分，甚至 7 分。对于年幼的孩子，要向他们解释他们可以控制自己的情绪，并且使用这个量表会让他们感觉更好。在孩子第一次做任何一个技巧前，你都要先做一遍给孩子看。

# *Foryou*
## 更 多 你 要 做 的

❧ 很多人只有控制好强烈的情绪才能完成工作。比如士兵必须控制自己恐惧的情绪，医生不能怕血。你能想到还有哪种职业需要人们控制好强烈的情绪呢？

......................................................

......................................................

❧ 有时候你不能不顾某种强烈的情绪，这没问题。葬礼就是一个允许人们难过的时刻，这是人们向所爱的人道别的一种方式。你能不能想到，还有哪些时刻表达强烈的不良情绪是完全没问题的？

......................................................

......................................................

# Share

有些强烈的情绪是开心的情绪，你能想出 3 次让你开心得想跳起来的经历吗？

**1** ...............................................................

**2** ...............................................................

**3** ...............................................................

　　每个人都有不同的方式表达情绪。有的人很容易表露出自己的情绪，而有的人则把他们的情绪深埋心底。在一个 1~10 分的量表上（1= 深藏不露，10= 非常明显），你在表露情绪方面给自己打几分呢？

1分　　　　　　　　　　　　　　　　　　　　　　　10分

# Activity 15

## 活动 15　采取积极的解决方法

·你要知道·有的人总是看到事物消极的一面，而有的人总是看到事物积极的一面。积极的人大多数时候比消极的人更快乐。

让我们看看伊桑是如何度过艰难的一天的。

当伊桑醒来的时候，窗外下着倾盆大雨，他意识到不能去游泳了。

伊桑想："现在我可以拼那个上周就开始拼的大拼图了。"

他拿出拼图，盯着拼图碎片。这个拼图太难了。

他想："或许我可以叫来迈克，我们一起拼。那一定很有趣。"

迈克来了，但他看了拼图一眼，说："我不拼拼图，太难了。"

伊桑很失望，但他说："让我们一起拼 10 分钟，看看它好不好玩。如果很无聊，我们就做其他事。"

事实证明，迈克和伊桑玩拼图玩得很开心。拼图拼出来是一个大的火箭飞船，而伊桑和迈克都喜欢谈论关于探索外太空的话题。之后，迈克说："等我长大了，我要做一名航天员，不过我觉得你太矮了。如果太矮了，他们是不会让你做航天员的。"

伊桑对迈克所说的话感到很愤怒，但他想："我都不知道他说的是不是事实。我要在网上查一查或者待会儿问问我爸爸。"

伊桑积极的思考方式帮他度过了可能会令他受挫和愤怒的情境。这个活动会帮你思考那些让你愤怒的事，以及你应该采取哪些更积极的方法。

79

# Foryou

## 你 要 做 的

在下面的表格中，写出 5 个会使你感到愤怒的情境。在每个情境旁边，分别写出 1 种思考这个问题的积极方式。

| 让我生气的事、生气的人 | 思考这件事的积极方式 |
| --- | --- |
| ❶ | |
| ❷ | |
| ❸ | |
| ❹ | |
| ❺ | |

# Foryou

## 更 多 你 要 做 的

>> 你认识的人当中，谁是最积极阳光的？写出一个这个人积极阳光的例子。

..........................................................

..........................................................

..........................................................

>> 你心情不好的时候怎么做能让你更积极呢？有人帮助你吗？

..........................................................

..........................................................

..........................................................

➾ 你能不能想到哪个历史人物因为在面临巨大困难时仍然积极应对而闻名？这个人是怎么做的？

· · · · · · · · · · · · · · · · · · · · · · · · · · · · · · · · · · · · ·

· · · · · · · · · · · · · · · · · · · · · · · · · · · · · · · · · · · · ·

· · · · · · · · · · · · · · · · · · · · · · · · · · · · · · · · · · · · ·

➾ 哪一个情境是你无法积极面对的？你能做些什么让自己感觉好一些？

· · · · · · · · · · · · · · · · · · · · · · · · · · · · · · · · · · · · ·

· · · · · · · · · · · · · · · · · · · · · · · · · · · · · · · · · · · · ·

· · · · · · · · · · · · · · · · · · · · · · · · · · · · · · · · · · · · ·

# Activity 16

活动 16　学会和自己积极地对话

**· 你要知道 ·** 当你愤怒的时候，你的头脑中会出现消极的声音。当你把消极的想法变成积极的想法时，你会对自己和他人感觉更好。

每个人都会和自己对话。这种对话反映了你心里的想法。容易愤怒的孩子通常会用消极的方式和自己对话。这种消极的自我对话是让他们愤怒的原因之一。

你不必总是和自己说消极的事情，这对你没有帮助，反而会妨碍你解决问题。

在这个活动中，你要学会如何把消极的想法变成积极的想法，来进行积极的自我对话。实际上，积极的想法比消极的想法更真实，因为消极想法的产生通常是因为你的愤怒情绪使你很难看清楚事实到底是什么。

这里有一些把消极的自我对话变成积极的自我对话的例子。

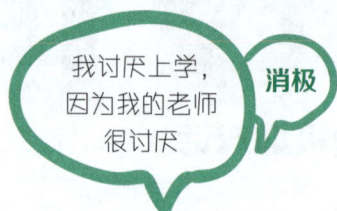

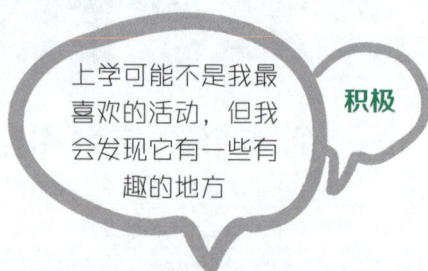

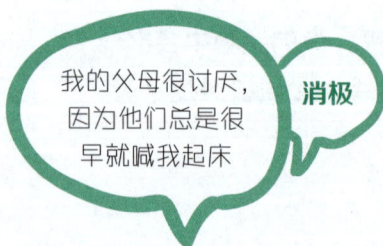

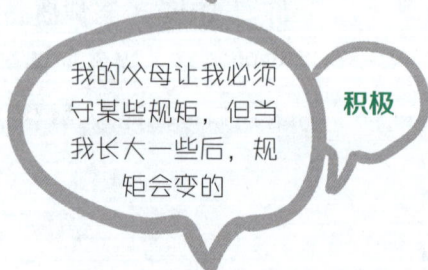

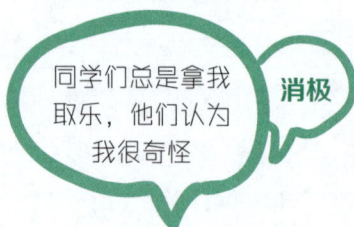

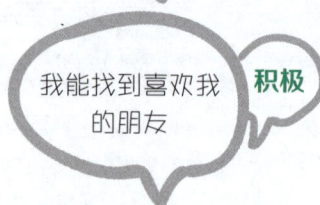

我讨厌上学，因为我的老师很讨厌 **消极**

上学可能不是我最喜欢的活动，但我会发现它有一些有趣的地方 **积极**

我的父母很讨厌，因为他们总是很早就喊我起床 **消极**

我的父母让我必须守某些规矩，但当我长大一些后，规矩会变的 **积极**

同学们总是拿我取乐，他们认为我很奇怪 **消极**

我能找到喜欢我的朋友 **积极**

# Foryou
# 你　要　做　的

这个活动将帮助你思考自己的消极的自我对话，并将其变成积极的思考方式。在左边的气泡里分别写下 3 句消极的自我对话，然后将其改变为积极的句子。

消极　积极

消极　积极

消极　积极

# Foryou
# 更多你要做的

你认识很积极的人吗？和这个人在一起是什么感觉？

你认识很消极的人吗？和这个人在一起是什么感觉？

你还记得怎么能更积极地思考吗? 有的人会在手腕上戴一个橡皮筋来提醒自己要积极地自我对话。这对你有用吗?

· · · · · · · · · · · · · · · · · · · · · · · · · · · · · · · · · · · · · · · · · · · · · · · · · · · · ·

· · · · · · · · · · · · · · · · · · · · · · · · · · · · · · · · · · · · · · · · · · · · · · · · · · · · ·

· · · · · · · · · · · · · · · · · · · · · · · · · · · · · · · · · · · · · · · · · · · · · · · · · · · · ·

写下 3 句积极的自我对话, 以后你每天早上都要对自己说这 3 句话。

**1** · · · · · · · · · · · · · · · · · · · · · · · · · · · · · · · · · · · · · · · · · · · · · · · ·

**2** · · · · · · · · · · · · · · · · · · · · · · · · · · · · · · · · · · · · · · · · · · · · · · · ·

**3** · · · · · · · · · · · · · · · · · · · · · · · · · · · · · · · · · · · · · · · · · · · · · · · ·

# Activity 17

## 活动 17　培养你的耐心

· 你要知道 · 你可以学会对自己和他人更有耐心。
当你练习让自己更有耐心的时候，你烦躁、愤怒的可
能性也更小。

大多数孩子以及很多成年人都认为保持耐心是很难的。我们生活在一个快节奏的世界，喜欢速度快的电脑、快速的网络、快餐和更快的交通线路。

没有人喜欢等，人的本能使我们希望自己的需要尽快得到满足。当我们的需要无法快速得到满足时，我们通常会很烦躁，有时甚至会发火。但我们无法快速得到想要的每个东西，有时候必须要经过长时间的等待才能得到我们想要的，有时候必须很努力才能得到我们想要的，有时候等了很长时间仍然得不到我们想要的。

当事情没有按照我们的预期发展时，有耐心可以帮助我们变得开心和平静。我们要理解世界并不是围绕着我们的需要运行的，这是生活中很重要的一课。

或许你听过这样一句话：耐心是一种美德。你知道这意味着什么吗？这意味着耐心是你人格中重要的一部分，就像诚实、努力和善良一样。

你认为自己是一个有耐心的人吗？你可能比你想的更有耐心。在下面的活动中，你要思考那些让你必须保持耐心的事，因为这些事急不来。

# Foryou

## 你 要 做 的

　　看看下面的图片。你能识别出这些你必须耐心等待的事吗？这些图片都经过了一些处理，不好辨认。答案在本页的最底部，耐心一些，你会识别出这些图片的！把答案写在图片下面的横线上。

.......................................　　　　　　　.......................................

.......................................

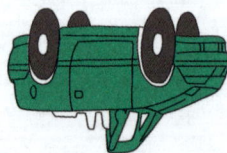

.......................................　　　　　　　.......................................

你的生日；从种子到鲜花盛开；切西瓜的时候；下雪；发生交通事故。

参考答案：

90

# For you

## 更 多 你 要 做 的

➤➤ 大多数孩子在父母购物时不得不保持耐心。在父母购物时，你
能做些什么使自己有耐心呢？

..........................................................................

..........................................................................

..........................................................................

➤➤ 你认识的人中谁是很有耐心的呢？举个例子说说这个人是怎么
做的。

..........................................................................

..........................................................................

..........................................................................

**Share** 学习一门乐器，学习一门新的语言，学好一种运动，都需要耐心。在你现在学的东西中，你能举出一个需要耐心的例子吗？

..............................................................................

..............................................................................

..............................................................................

**Share** 说说你没有耐心的一次经历。发生了什么？你现在能有什么改变吗？

..............................................................................

..............................................................................

..............................................................................

# Activity 18

## 活动 18　成为解决问题的专家

· **你要知道** · 当你学会解决和他人的问题，你就不会感到那么愤怒了。

擅长解决问题的孩子一般不会是容易愤怒的孩子。虽然这不意味着他们永远不会愤怒，每个人在某些时候都会愤怒，但当他们遇到挫折或者面对困难时，他们会想出解决问题的方法。当你意识到你能解决大多数问题时，你就不会像以前那样愤怒了。

你可以通过以下步骤学习解决问题：

▶ 思考让你感到棘手的问题的不同解决方案。

▶ 考虑每种解决方案的利弊（优点和缺点）。

▶ 尝试最有利的解决方案。

如果这个解决方案不能像你想的那样奏效，就改一下，让它更好，或者尝试另外一种解决方案。不断尝试直到你的问题得到有效解决。

学做一个优秀的问题解决专家需要耐心，而这个活动会很有帮助。你能做的最重要的一件事就是改变你对问题的态度。当你确定你能解决问题而不是仅仅对这些问题感到愤怒的时候，你会对自己以及身边的人感觉更好。

# For you
# 你　要　做　的

　　看看下面的情境，为每个情境中的问题想出 3 种不同的解决方案，然后圈出你认为最有效的方案。和一个成年人讨论，看看他们是否同意你的选择。

　　凯瑟琳和姐姐考利都想在早上第一个用浴室洗澡。考利说她比凯瑟琳大 2 岁，所以她应该先洗。凯瑟琳认为这不公平。

**❶** ............................................................

**❷** ............................................................

**❸** ............................................................

　　迈克尔喜欢和朋友保罗玩棋盘游戏。保罗通常玩 15 分钟就累了，然后他会提议去骑单车。两个男孩都想让对方做自己想做的事。

**❶** ............................................................

**❷** ............................................................

**❸** ....................................................................

弗里德老师在周五安排了拼写测验，而周四晚上学校会举办音乐会，学生说他们没有时间复习。弗里德老师说拼写测验必须在周五举行，因为她下周请假了，学校安排了其他老师代课。

**❶** ....................................................................

**❷** ....................................................................

**❸** ....................................................................

罗伯特想在跨年夜熬夜到零点。他说："我所有的朋友都熬夜，如果你不让我熬夜，就说明你很讨厌。"罗伯特的爸爸说："我们第二天必须早起，开车去奶奶家。如果你熬夜了，你第二天早上就会赖床。所以很抱歉，答案是不可以。"

**❶** ....................................................................

**❷** ....................................................................

**❸** ....................................................................

# Foryou
## 更 多 你 要 做 的

🐾 你能为家里的某个问题想出解决方案吗？请你想出 3 种可行的
方案。

❶ ....................................................

❷ ....................................................

❸ ....................................................

🐾 你能为学校的某个问题想出解决方案吗？请你想出 3 种可行的
方案。

❶ ....................................................

❷ ....................................................

❸ ....................................................

## Share

你能想出一个很会解决问题的历史人物吗？这个历史人物因什么而闻名？

....................................................

....................................................

....................................................

## Idea

你能想出一些需要良好的问题解决技巧的职业吗？你认识的人有从事这些职业的吗？请把他们的名字写在下面。

....................................................

....................................................

....................................................

# Activity 19

## 活动 19　用创意面对困难

**·你要知道·** 有很多不同的方法可以让你变得有创意，比如画画、写故事或者编一个有趣的笑话。当你遇到困难时，你也可以变得有创意。提高你的创造力能帮助你变成一个优秀的问题解决专家。

有创意的问题解决专家会找到一些别出心裁的，甚至并不一定合乎逻辑的解决方法。他们会通过头脑风暴做到这一点。头脑风暴是思考解决问题的多种方法，而不考虑这些方法是好还是坏。例如，合上这本书，想想一个垃圾桶的所有用途，然后回过头来看看下面的句子，看看你是否有不同的想法。

下面是一些孩子说的垃圾桶的用途。

| | |
|---|---|
| 反过来坐在上面 | 把东西往里扔 |
| 把水灌满垃圾桶，然后让一些东西漂浮在上面 | 把它当篮球筐 |
| 在里面小便 | 存放玩具 |
| 在里面大便 | 把它当作水槽洗脸 |

你还有其他想法吗？你擅长头脑风暴吗？要记住，不一定每个想法都是好的。你可以返回去看看你的想法，然后决定哪些是值得一试的。

# For you
## 你 要 做 的

下面的男孩正在思考一个问题。在想法气球中，画出代表这个问题的图，然后在下面的空白处，写出 5 种可以帮他解决问题的方法。这些方法不一定是好的方法，甚至不一定是现实可行的方法。你只需要有创意。

# For you

## 更 多 你 要 做 的

    在你认识的人里面，谁是一个有创意的问题解决专家？这个人最有创意的解决方法是什么？

........................................

........................................

........................................

    有的人说他们的梦会有创意地帮他们解决问题。你曾经梦到过让你感到愤怒的事情吗？梦里发生了什么？你的梦给你一个好的解决方法了吗？

........................................

........................................

........................................

想象一下，你有一个水晶球，透过水晶球你可以看到未来。10年后，你的生活会是怎样的？用有创意并且积极的思考方式来想。

# Activity 20

## 活动 20　被惹恼时的处理方法

· **你要知道** · 当你学会处理不同类型的让你恼怒的
事情时，你会发现控制你的愤怒情绪其实很容易。

每个人都会被某些事或某些人惹恼。惹恼你的或许就是你的弟弟妹妹，或许是你爸爸在车里放的音乐，或许是你的朋友吹嘘自己的游戏打得多好，或许是在商场等妈妈试鞋时的无聊。

虽然有些惹恼你的事是无法避免的，但是大多数时候，你可以让你的心情变得更好一些。

举个例子，你可以尝试：

▶ **如果你的弟弟因为想和你待在一起而惹恼了你：**

你可以花点儿时间和他呆在一起，然后到另一个房间做你想做的事。

▶ **如果你朋友吹嘘自己的游戏打得多好而惹恼了你：**

你可以告诉他，吹牛惹到了你，请她停下来。如果她不停下来，你可以多和不爱吹牛的朋友玩。

▶ **如果妈妈购物花太多时间而惹恼了你：**

你可以带一本书或者在等的时候自己玩一会儿。

▶ **如果做家务惹恼了你：**

你可以在做家务的时候听喜欢的音乐。

▶ **如果家庭作业惹恼了你：**

你可以在完成家庭作业后给自己奖励。

# Foryou
## 你 要 做 的

在下面的汽车驾驶座位上画上你自己，然后想出 5 件惹恼你的事，分别画在下面的公告牌上。仔细地看这一页，然后把铅笔放在车的前方，闭上眼睛！如果你能"驾车"到终点，你就可以得到 10 分。

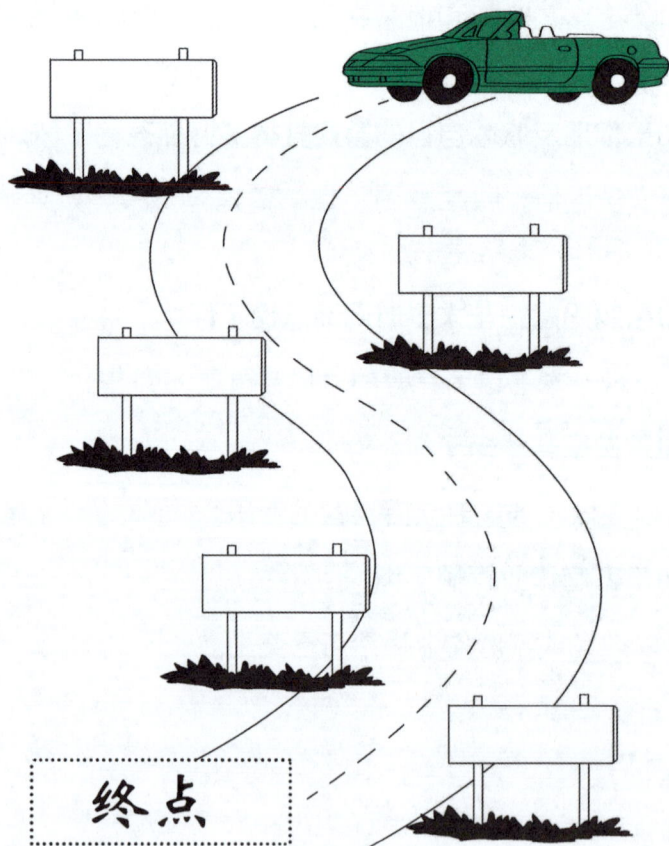

终点

# Foryou
## 更 多 你 要 做 的

写下你在公告牌中画的 5 件惹恼你的事。对于每件事，你都要写出如何避免这种情景或让自己的恼怒减少的方法。

**1** ....................................................................................

....................................................................................

....................................................................................

**2** ....................................................................................

....................................................................................

....................................................................................

**❸** .....................................................

.....................................................

.....................................................

**❹** .....................................................

.....................................................

.....................................................

**❺** .....................................................

.....................................................

.....................................................

# Activity 21

活动 21　三思而后行

· **你要知道** · 当你全面地思考事情时，你可以避免很多会导致你愤怒的问题。当你学会思考行为的后果，你就会用更恰当的方式行动。

成年人会问一些"你有没有想过你在做什么"之类的问题。但事实是，当我们有强烈的情绪时，比如愤怒，我们通常不会思考，只会行动。强烈的情绪让我们无法思考怎么做才最好。

我们的大脑非常复杂，我们的思维、情绪和行为会受到不同脑区的控制，为了便于理解，我们只讨论思维和情绪两个部分。有时候，这两个部分是一起发挥作用的。当我们产生一种情绪时，大脑通常会帮助我们思考，指导我们做出行为反应。但不幸的是，大脑并不总是这样运作。有时候，强烈的情绪，例如愤怒，常常会吞噬大脑的思维部分，在这种情况下，我们没能事先思考就做出了行动。这就是为什么很多孩子会陷入麻烦。

好消息是当我们练习使用大脑思维部分来处理强烈的情绪时，情绪会更平静，因此我们能找到更好的方式处理我们的愤怒情绪。

# Foryou
# 你　要　做　的

当你练习了思考行为的后果，你就可以用不让你陷入麻烦的更积极的方式行动。你知道"后果"这个词是什么意思吗？后果就是你的行为直接导致的结果。

阅读下面的例子，然后圈出行为直接导致结果的句子。

1. 大卫在下雨时出去了，而且没带伞，他浑身都湿透了。

2. 雪莉在课堂上嘲笑了所有的男孩。最后没有一个男孩和她说话，甚至有的还反过来取笑她。

3. 萨丽的妈妈接萨丽放学的时候迟到了，萨丽很生气。所以她在第二天的拼写测验中得了 D。

4. 克里斯托弗讨厌练习小提琴。他告诉妈妈他的棒球队总输，因为他总是不得不练小提琴。

5. 维罗妮卡喜欢她的那双红色的鞋子，尽管那双鞋尺码太小了。当她穿那双红色鞋子的时候，她的脚会受伤。

你是不是选了 1、2 和 5 呢？这些是孩子行为的直接后果。在第 3 个例子中，萨丽不是因为她对妈妈生气，拼写测验才得了 D。她得 D 是因为她没有学好，或者测验太难了，或者两种原因都有。在第 4 个例子中，克里斯托弗的棒球队不是因为他练琴才输的。他们输球的原因可能很多，但最有可能的是他们的水平没有像其他队好。

你越了解自己行为的真实后果，就越能控制那些让你陷入麻烦的愤怒行为。下面的活动可能是有帮助的。

填写下面的句子可以帮助你思考自己行为的后果。

▶ 如果我顶撞了老师，老师会 ............................

▶ 如果我因为生气打了朋友，朋友会 ....................

▶ 如果父母说 ....... 时，我不听，他们会 ............

▶ 如果我对朋友发脾气，他们会 ........................

▶ 如果我在输掉比赛的时候对队友发火，他们会 ........

▶ 当我不开心的时候，如果我生闷气，那么 ............

▶ 如果我保持 ....................，那么 ............

▶ 如果我不 ..........，那么 ........................

▶ 如果我不更好地 ........，那么 ....................

▶ 当我 ................，我总是感觉 ................

112

# For you

## 更 多 你 要 做 的

➲ 什么事会让你总是受到惩罚？为什么你会做这些事？

........................................................

........................................................

........................................................

➲ 有时候即使成年人知道了他们做的事会导致不好的后果，他们仍然会去做，比如抽烟或超速开车。为什么有的人即使知道有些事会导致不好的后果仍然去做呢？

........................................................

........................................................

........................................................

不当行为有后果，而好的行为也会有结果。如果你善良体贴，你觉得最有可能发生什么？写得详细一些。

..................................................

..................................................

..................................................

**Share** 有时候，父母对孩子不当行为会导致什么后果存在分歧。这曾经发生在你身上吗？你当时什么感觉？

..................................................

..................................................

..................................................

# Activity 22

## 活动 22　管理挫折感

**· 你要知道 ·** 愤怒通常来自挫折。当你的需要或渴望没有得到满足时，你会感到受挫，挫折感会让你产生愤怒。当你学会更好地处理挫折感，你会更少感到愤怒。

挫折感来源于生活的各个方面，这里有些例子：

▶ 当你不能得到想要的东西时，你可能会产生挫折感。

詹娜希望在学校的活动中被选为组长，但她落选了，她的朋友玛丽成为了组长。

▶ 当要做的事很难时，你可能会产生挫折感。

肖恩坚持练习罚球，但他仍然是篮球队里最差的。

▶ 当你即使非常努力，仍让有些人失望时，你可能会产生挫折感。

佩拉特的父母说如果她能在拼写测验中得 A，她就会得到一个特殊的奖励，但她只得了 B。

▶ 当你让自己失望时，你可能会产生挫折感。

萨姆想减肥，他决定不再喝苏打饮料，也不再吃冰激凌。但萨姆的家人在晚饭后都会吃冰激凌，结果萨姆忍不住也吃了。

还有其他很多事会让孩子们感到受挫。圈出那些形容你的句子，然后把你想到的其他任何让你感到受挫的事加到下面的横线上。

**其他会引起你挫折感的事情**

................................................

................................................

我没有得到充足的睡眠

我吃了很多糖

父母总烦我

朋友总烦我

我做事拖延

我花太多时间看电视

我大多数时间心情都不好

我有个令人讨厌的弟弟或妹妹

我没有自己的房间

# Foryou
## 你 要 做 的

有些让你受挫的事会改变或减弱，但有的不会。处理挫折感的最佳方式是学会保持冷静，不让挫折令你愤怒。完成下面这个迷宫或许对你有帮助。这个迷宫对你来说似乎并不难，是吗？试着用你平时不常用来写字的那只手完成。注意你是如何处理你的挫折感的。完成迷宫后给自己打分，1= 我特别不耐烦，10= 我很冷静，很有耐心。

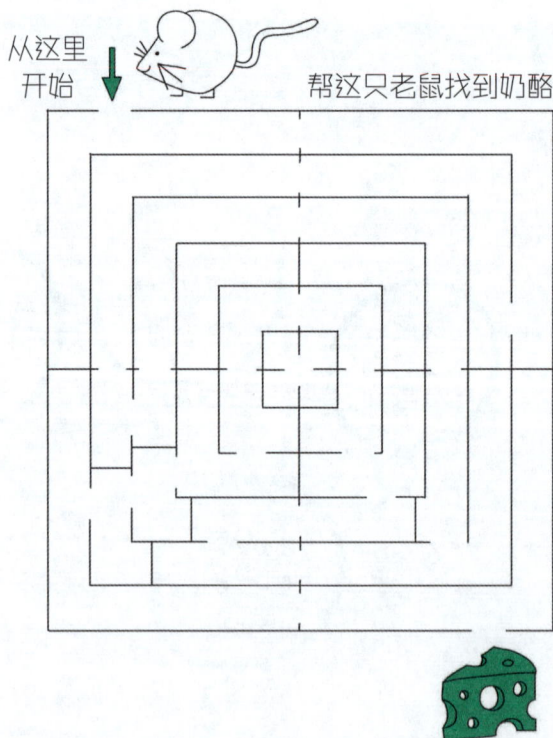

从这里
开始 ↓                          帮这只老鼠找到奶酪

# Foryou
# 更 多 你 要 做 的

》》 你在学校里最受挫的事是什么？你认为怎样才能处理好？

............................................................

............................................................

》》 一天当中是否有段时间会让你比平时更容易有挫折感？这段时间通常发生什么会让你愤怒呢？

............................................................

............................................................

》》 一天当中，是否有段时间你会更容易保持冷静呢？什么任务，例如家务或家庭作业，在这个时间段内完成会更容易呢？

............................................................

**Share** 你知道有人经历了很多挫折但仍然能够保持冷静吗？

......................................................

......................................................

......................................................

# Activity 23

## 活动 23　记录你的进步

**·你要知道·** 很多老师和家长使用分数系统和奖励让孩子努力做重要的事。给好的行为加分，对大多数孩子来说是有帮助的，甚至在你进行自我监控或者记录自己的行为时这种方法会更有帮助的。当你记录在改变自己方面取得的成功时，你会发现学习新事物变得容易了。

　　你有没有因为努力做一件事而得到过奖励？你的父母可能因为你取得了好成绩而给你特殊的优待。你父母可能正在用分数系统帮你改变自己的行为，你要通过某些行为来赚取得分，比如控制你的愤怒情绪或者做家务。在这个活动中，你将学会用一个简单的方法来判断你把脾气控制得怎么样。如果你 1 周的总分超过 30 分，那么说明在控制愤怒情绪方面你做得很好，你应该得到奖励！

　　在下面的空白处，列出 5 个你喜欢的奖励。比如一份特别的甜品，额外的看电视的时间，或者看一部电影。把你的清单交给父母或老师，看他们是否同意把这些作为你较好控制了愤怒情绪的奖励。

" 为了控制愤怒情绪，我想要的奖励包括：

❶ .............................................................

❷ .............................................................

❸ .............................................................

❹ .............................................................

❺ .............................................................　"

# For you

## 你　要　做　的

每天晚上，用下面的记录卡片给自己打分。

1= 我的确大发脾气了。

2= 我有点儿发火但是我忍住没有大发脾气。

3= 我的确有点儿生气，说了一些让我后悔的话，但我还好。

4= 我一天都没发脾气。

5= 我没发脾气，并且拥有很积极的态度。

| | | |
|---|---|---|
| 1 2 3 4 5 | 1 2 3 4 5 | 1 2 3 4 5 |
| 我的记录卡 | 我的记录卡 | 我的记录卡 |

# Foryou
## 更 多 你 要 做 的

很多人都会记录自己的行为，这有助于他们保持积极性。例如，如果你想养成按时上床睡觉的习惯，你就应该写下每晚睡觉的时间，看一看自己是否做到了。

**Idea** 假设你正努力提高篮球技能，应该怎么衡量你的进步呢？

........................................................................

........................................................................

**Idea** 有的人发现改变很难。如果你发现自己无法取得进步，你应该怎么做呢？

........................................................................

........................................................................

❧❧ 你可以使用奖励卡片来改变任何行为。你还有什么其他想要改变的行为吗？

·····················································································

·····················································································

·····················································································

❧❧ 你认为奖励卡片对你控制愤怒情绪有帮助吗？你想使用几周？

·····················································································

# 3

# CHAPTER 3
# 处理与他人的关系

易怒的孩子通常会和生活中的很多人产生矛盾。这些孩子会经常在学校里遇到麻烦，并且在交朋友方面存在困难。他们通常在家会受到惩罚，失去一些特权和优待。这并不有趣。

在这一部分，你会找到一些帮助你和生活中重要的人相处得更好的活动。你将学会更好地理解他人，以及如何表现才能让大家相处得更容易。

# Activity 24

## 活动 24  对你的感受负责

· **你要知道** · 当你清楚地了解自己的需要和感受时，人们也会更容易了解你。更好的沟通技巧会改善你和其他孩子及成年人的关系。

很多人都认为别人知道自己的想法和感受，即使自己没有告诉别人。一种确定他人是否能从你的角度了解问题的方法就是使用 I-Message[1]。

I-Message 是一种很特别的方法，你可以通过填写下面句子中的空白来和他人交流你的感受。

当你 .................., 我感到 ..................,

因为 .......................................,

我需要你 ...................................。

这里有一些其他孩子使用 I-Message 的例子：

"当你告诉我，我不是你最好的朋友时，我感觉很生气，因为我的确喜欢和你在一起，并且你是我最好的朋友。我需要你不要让我失望。"

"当你惩罚了我，而不给我解释的机会时，我感觉很受伤，因为我希望你了解整个事情。我需要你给我机会，告诉你到底发生了什么。"

"当你告诉我，你认为我很聪明时，我很骄傲，因为我想成为一个聪明的人。我需要你经常跟我说，我很聪明。"

---

1　译者注：I-Message 是一种人际沟通技巧，指在表达自己的感受时，不指责别人，不说"你让我感到……"，而是说"当你……我感到……"。

# Foryou

# 你　要　做　的

你懂了吗？你知道这个方法怎么帮人们更好地了解你了吗？这不意味着你总是会得到你想要的，但这的确会更容易让你的需要得到满足。

现在填写下面的 I-Message，然后说给生活中不同的人。

## 写给你的妈妈

"当你 ................，我感到 ................，

因为 ..............................，

我需要你 ....................................。"

## 写给你的爸爸

"当你 ................，我感到 ................，

因为 ..............................，

我需要你 ....................................。"

### 写给你的朋友

"当你 ........................，我感到 ........................，

因为 ........................，

我需要你 ........................。"

### 写给你的老师

"当你 ........................，我感到 ........................，

因为 ........................，

我需要你 ........................。"

### 写给你的一个兄弟姐妹

"当你 ........................，我感到 ........................，

因为 ........................，

我需要你 ........................。"

# For you

## 更 多 你 要 做 的

🌿 你为什么认为和别人讨论你的情绪是很难的?

......................................................

......................................................

🌿 哪些是你需要从朋友那里得到，但通常又不能经常得到的?

......................................................

......................................................

🌿 哪些是你需要从父母那里得到，但通常又不能经常得到的?

......................................................

......................................................

≫ 除了你自己，谁是你生活中通过使用 I-Message 可以获益的人？

........................................................

........................................................

# Activity 25

活动 25 理解别人的观点

· **你要知道** · 当你学会理解别人的观点，你就不会感到愤怒。孩子和成年人都会欣赏越来越会理解他人的你。

年幼的孩子认为整个世界的存在就是为了让他们开心，但是随着年龄的增长，我们知道每个人都有自己的情绪、想法和需要。我们把这些叫作他人的观点。

很多时候，当你无法理解他人的观点时，会感到愤怒。你可以不同意一个人的观点，但应该尊重他人和你持有不同观点的权利。

这里有些例子：

▶ 海莉对她妈妈很生气，因为妈妈不愿意给她买她想要的那双运动鞋。她妈妈认为那双运动鞋太贵了。

她妈妈解释说这个月已经花了很多钱，她没有多余的钱可以买衣物了，海莉就不再生气了。

▶ 艾玛嘲笑她的朋友朱莉戴了一副新的绿色眼镜。她觉得戴上这副眼镜的朱莉看上去像一只青蛙，所以她给朱莉取了个外号——"青蛙"。

艾玛注意到，每当她叫朱莉"青蛙"的时候，朱莉虽然不说什么，但看起来很难过，艾玛意识到朱莉不想让任何人取笑她，即使艾玛只是开玩笑，并无恶意，所以艾玛不再叫朱莉"青蛙"了，而是叫她的本名——朱莉。

# Foryou
## 你　要　做　的

有时候，你需要主动去了解他人的想法。当你很愤怒的时候，你只会想着谁惹你生气了，而没有去想他为什么会这么做。

这个活动会通过故事来帮助你练习了解他人的想法，这些故事里会有一些不友好的"坏角色"，可是如果你愿意多了解他们一些，你就会发现他们并不是"坏角色"，很多不愉快是可以被化解的。

前两个故事有提示，后一个故事请开动脑筋想想"坏行为"的真正原因。

故事 1：猫头鹰白天睡懒觉不跟森林里的其他小动物玩，大家嫌弃他不合群。

猫头鹰不合群的真实原因：猫头鹰每天晚上都在抓老鼠，白天睡懒觉是它的生活习惯。

故事 2：小松鼠真心实意请朋友来家里做客吃饭，它自己用扁盘子，给朋友们准备的也是扁盘子，扁盘子盛放的是美味的汤羹，小鹤吃不到很生气。

小松鼠吝啬的真实原因：小松鼠忽略了大家吃饭的方式不一样。

故事 3：小猪下雨天的时候喜欢在泥坑里跳，总是溅到它的朋友小羊的身上，小羊很生气。

小猪惹小羊生气的真实原因：

# Foryou

## 更 多 你 要 做 的

❧ 你曾经因为你认为不公平的事而受过惩罚吗?

.............................................................................

.............................................................................

❧ 你认为不公平的家规是什么? 你认为为什么你的父母会这样
　规定?

.............................................................................

.............................................................................

❧ 你不喜欢的校规是什么? 你认为制定这条校规的原因是什么?

.............................................................................

.............................................................................

# Activity 26

## 活动 26　成为一个好听众

·**你要知道**· 当你使用正确的倾听技巧的时候，你更不容易陷入争吵。做一个好的听众会帮你理解其他人的想法和情绪。

你在活动 24 中学到的使用 I-Message 会帮你与他人交流你的想法、情绪和需要。现在，你需要做一个好听众。

做一个好听众需要练习。请一个成年人来帮你练习下面的步骤。

### ❶ 当有人对你说话时，你要看着对方

大多数时间，你要看着对方的眼睛，因为这表示你在集中注意力。但你也应该注意他的表情和身体语言。良好的沟通建立在看和听的基础上。

### ❷ 不要打断对方

即使你不同意对方所说的观点，即使你有很重要的话要说，你也不要打断对方。良好的倾听意味着在你回复对方之前，完全理解对方说了什么。打断对方是粗鲁无礼的，这说明你没有认真听。

### ❸ 重复你所听到的话

一开始，你可能觉得这么做有点儿奇怪，但这么做是很容易的。你只需重复这个人告诉你的话，用原话或者用你总结的话都可以，然后问问对方你是否说对了。例如，你可能说："听起来你生我气了，因为我昨晚没给你打电话。你说的是这个意思吗？"用一个平静的语气来表达是很重要的。如果你的语气带着愤怒或讽刺，那么有可能会引起争吵。

你可能需要向他人提问来确定自己是否真正理解了对方对你说的话。再次说明，确保用一个平静的语气，而不要用听起来讽刺的语气。仔细听答案，不要打断对方，然后重复你所听到的话。

# Foryou

## 你 要 做 的

当你成为一个好听众的时候，你会理解他人说话的真实含义，而不是你想当然的含义。这有些像阅读。当你读一本书的时候，你不能一个词、一个词地思考，你必须思考整个故事说了什么。

看看你是否能阅读下面的段落。一开始可能有些难，请耐心一些。

Xue hui qing ting hui bang zhu ni he peng you men xiang chu de geng hao。dang ni cheng wei yi ge hao ting zhong, ni hui fa xian, ren men geng zhong shi ni le。

现在我们给拼音加上了音调，请你阅读下面的段落。

Xué huì qīng tīng huì bāng zhù nǐ hé péng yǒu men xiāng chǔ de gèng hǎo。dāng nǐ chéng wéi yí gè hǎo tīng zhòng, nǐ huì fā xiàn, rén men gèng zhòng shì nǐ le。

# Foryou

## 更 多 你 要 做 的

⟫ 你能不能想出一种需要学会倾听的职业?

......................................................

⟫ 在你的生活中，谁是一位好听众? 你喜欢和这个人说话吗?

......................................................

## Share

回想一次你在和一个人说话，但感觉那个人没有在听你讲话的经历。发生了什么?

......................................................

......................................................

......................................................

🐾 谁需要知道你现在是个好听众？你想和这个人谈论些什么呢？

......................................................

......................................................

......................................................

# Activity 27

## 活动 27　不要说伤害他人的话

· **你要知道** · 你可以学会停止使用那些让别人愤怒或伤害他人的话。有很多方式既能表达你的情绪，又不会伤害他人。

每个人都可能说出引起他人愤怒的话。如果你说了拿他人的种族、家庭或民族背景开玩笑的话，人们通常会愤怒。如果你说了一些取笑他人的话，大多数人也都会愤怒。例如，个子矮的人会很讨厌被人称为"矮子"，而戴眼镜的人很讨厌被别人称为"四眼"。

**哪些话会让你愤怒？写在下面的空白处。**

...........................

...........................

...........................

...........................

**写下你永远不该对父母说的话。**

...........................

...........................

...........................

写下你永远不该在学校说的话。

# Foryou
## 你　要　做　的

　　撕碎游戏能帮助你改掉说话伤人的习惯。下面有 4 个方框，在每个方框中写下 1 个会令你或他人愤怒的词语或句子。把这些方框剪下来，然后撕碎！撕得越碎越好！你也可以找张白纸，把方框画上去，做这个游戏，这样就不会损坏书本啦！

　　如果将来有人试图用这些话来惹你生气，记得你已经把这些话撕碎了，这些话再也无法伤害到你。

# Foryou
## 更 多 你 要 做 的

孩子们为什么会说有伤害性的话？

有成年人曾经对你说过伤害你的话吗？

你该怎么告诉他你的感受？

**Share**

讽刺也会伤害他人。当人们讽刺别人的时候，并不是语言本身具有伤害性，而是说话的方式具有伤害性。你能说出一次被人讽刺的经历吗？

........................................................

........................................................

........................................................

**Idea**

有时候，说笑话也会伤害他人。想一个可能会伤害他人的笑话。如果有人向你说这个笑话，你会跟对方说什么？

........................................................

........................................................

# Activity 28

## 活动 28 　 了解规则

· **你要知道** · 所有的孩子和成年人都生活在规则中。你可能会接受大多数规则作为生活的一部分，但是有的规则对你来说可能很难接受。了解影响你的规则会让你知道生活中可以改变的事和不能改变的事。

生活中有很多不同的规则。孩子的规则包括吃什么、几点写作业、完成什么家务、能说什么和不能说什么，以及很多其他的事情。成年人也有很多规则。成年人必须支付账单并按时交税，他们必须按时上班、按时完成工作任务。

有些规则是法律，法律是每个人都必须遵守的，例如：

▶ 你必须遵守交通法规，无论你开车、步行还是骑自行车。

▶ 你不能偷东西。

▶ 在 21 岁前你不能抽烟或喝酒（译者注：美国法律）。

▶ 你不能损坏公共财物。

▶ 你不能乱扔垃圾（译者注：美国法律）。

任何一个违反法律的人都会受到严厉的惩罚，甚至可能坐牢。

你能想出更多法律规则吗？

❶ .......................................................

❷ .......................................................

❸ .......................................................

还有些规则告诉我们是非对错，我们将其称之为道德规则。如果你违反了道德规则，你不会坐牢，但是你可能会有麻烦。如果你违背了道德规则，人们肯定会轻视你。

一些道德规则：

▶ 不能撒谎。　　▶不能作弊。　　▶不能取笑别人。

你能想出更多的道德规则吗？

**❶** ........................................................................

**❷** ........................................................................

**❸** ........................................................................

遵守道德规则对于和他人相处是很重要的，如果你不遵守，在学校或家里就步履维艰。

................................................................

此外，也有很多指导我们行为的个人规则。每个人都有他努力遵守的个人规则或价值观。有的个人规则会包括：

▶ 善良。　　▶尊重成年人。

▶ 有责任心，珍惜自己的物品。

你认为还有哪些个人规则，对你来说是很重要的？

................................................................

# For you

## 你 要 做 的

你的个人规则很大程度上说明了你是哪一种人。一个有良好价值观的人会被很多人喜欢和欣赏。

请在下面 5 个标志中，分别写出 1 个你认为对你来说很重要的、需要记住的规则。这些规则可以是法律、道德规则或者个人规则。

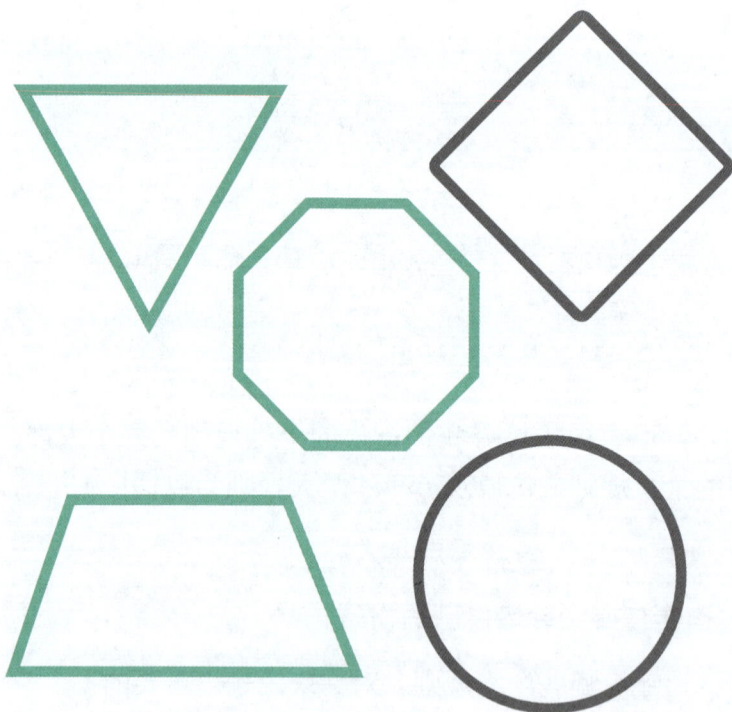

# For you

## 更 多 你 要 做 的

你家里有你觉得很难遵守的规则吗？

. . . . . . . . . . . . . . . . . .

. . . . . . . . . . . . . . . . . . . . . . . . . . . . . . . . . . . . . . . . . . . . . . . . . . . . . .

. . . . . . . . . . . . . . . . . . . . . . . . . . . . . . . . . . . . . . . . . . . . . . . . . . . . . .

学校里有你觉得很难遵守的规则吗？

. . . . . . . . . . . . . . . . . .

. . . . . . . . . . . . . . . . . . . . . . . . . . . . . . . . . . . . . . . . . . . . . . . . . . . . . .

. . . . . . . . . . . . . . . . . . . . . . . . . . . . . . . . . . . . . . . . . . . . . . . . . . . . . .

如果你认为规则是不公平的，你最好应该怎么做？

...... 

........................................................

........................................................

哪个个人规则对你来说是最重要的？

.............................

........................................................

........................................................

# Activity 29

## 活动 29  表现友好，而不是愤怒

· 你要知道 · 如果你大多时间看起来都是愤怒的，你可能很难交到朋友。人们不愿意和看起来总是很愤怒的人交谈，当然也不愿意和看起来总是很愤怒的人一起玩。

　　你知道有的人即使在不愤怒的时候，也有一些让别人觉得他愤怒了的习惯吗？当你看起来愤怒的时候，你通常会皱眉，你可能会紧紧盯着别人，你可能把胳膊交叉放在胸前，你可能还会用其他不友好的身体语言。

　　你知道，甚至老师都会更喜欢那些看起来友好的孩子吗？科学家告诉我们，老师会更关注看起来友好的学生，甚至会给他们更高的分数！当你微笑的时候，当你的肩膀和身体看起来更放松，有时甚至眼中闪着光的时候，你看起来会很友好。

　　在本次活动中，你会思考什么会让人看起来愤怒，什么会让人看起来友好。

# Foryou

**你　要　做　的**

看看下面的 2 个孩子，列出令他们看起来愤怒的所有原因。

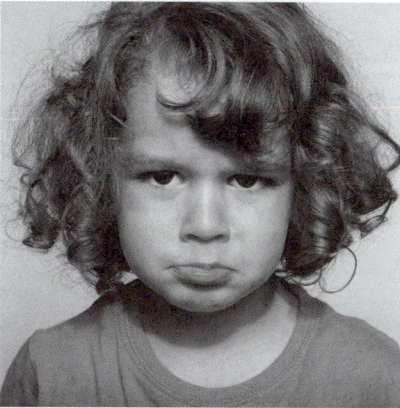

· · · · · · · · · · · · · · · · · · · · · · · · · · · · · · · · · ·

· · · · · · · · · · · · · · · · · · · · · · · · · · · · · · · · · ·

· · · · · · · · · · · · · · · · · · · · · · · · · · · · · · · · · ·

· · · · · · · · · · · · · · · · · · · · · · · · · · · · · · · · · ·

· · · · · · · · · · · · · · · · · · · · · · · · · · · · · · · · · ·

· · · · · · · · · · · · · · · · · · · · · · · · · · · · · · · · · ·

**157**

现在看看这 2 个孩子，列出所有令他们看起来很友好的原因。

...............................................

...............................................

...............................................

...............................................

...............................................

...............................................

# Foryou

## 更 多 你 要 做 的

**Share**  你能不能想到哪次经历中使自己看上去友好是特别重要的?

..............................................................

..............................................................

..............................................................

**Share**  你有没有过认为别人对你生气了,但实际上对方没有真的生气的经历?

..............................................................

..............................................................

..............................................................

你能想出3种表示你很友好的姿势吗?

....................................

....................................

....................................

**Vision** 你认为仅仅通过对他人微笑就会让人认为你是友好的吗? 解释你的答案。

....................................

....................................

....................................

# Activity 30

## 活动 30　与他人和解

· **你要知道** · 当你想得到某些东西的时候，你应该努力和他人达成和解，而不是变得愤怒。和解是指两个人都同意做一些让双方都感到开心的事。当你学会和解的时候，你会发现没有那么多理由让你愤怒了。

大多数时候，孩子们在不能得到自己想要的东西时，会产生愤怒情绪。他们可能认为愤怒会帮助他们得到想要的东西，但实际上这很少会实现。大多数时候，变得愤怒只会让事情更糟，下面就是一些例子。

▶ 玛丽和妹妹因为看哪个电视频道而吵架。她们的爸爸说只要她们吵架，她们两个人一周都不能看电视。

▶ 妈妈因为内特没有完成家庭作业而吼他，因此内特对他妈妈很生气。妈妈决定不再允许内特玩游戏，直到内特表示他会更有责任心。

▶ 布莱恩生气了，因为他不想去爷爷奶奶家吃晚饭。他妈妈让他就自己的行为，给爷爷奶奶写一封道歉信。

不是每个问题都可以用和解来解决。有时候孩子必须按照成年人的想法做，无论他们是否喜欢。这时候，孩子能做的最好的事就是合作。合作意味着不抱怨地为他人做一些事，只是为了帮助他人。

有的孩子是很棒的和解家。无论两个人遇到什么问题，他们都能想出一个双方都会同意的解决方法。人们通常会和这些很棒的和解家们相处愉快，从而更喜欢和他们待在一起。在活动35中，你会了解更多合作的重要性。

# For you
# 你 要 做 的

➠ 莎娜和弟弟因为看哪一个电视频道而吵架。你会让他们怎么和解呢？

........................................................

........................................................

........................................................

➠ 基斯不想再上钢琴课了。妈妈说，当他长大了就会感谢妈妈带他上钢琴课。你有什么和解的建议吗？

........................................................

........................................................

........................................................

)) 萨拉晚饭只想吃比萨。妈妈说每顿饭都必须吃富含蛋白质的食物，以及蔬菜和水果。但是萨拉只喜欢比萨！你有什么建议吗？

........................................................

........................................................

........................................................

)) 希瑟习惯周末很晚睡觉。妈妈希望他周六早点儿起床帮她做家务，而周日去上培训班。希瑟认为这不公平。你认为希瑟和妈妈应该怎么和解呢？

........................................................

........................................................

........................................................

# Foryou

## 更 多 你 要 做 的

**Share** 描述一次你曾经和他人和解的经历。

........................................................................

........................................................................

........................................................................

**Idea** 描述一个你需要和他人合作的场景，即使在这种场景中合作对你来说是很困难的。

........................................................................

........................................................................

........................................................................

为什么你认为尽可能地合作是很重要的？

............

........................................

........................................

**Share** 如果一群人不愿意合作或和解，会发生什么呢？你曾经听说过这样的情况吗？

........................................

........................................

........................................

166

# Activity 31

## 活动 31 成为一个有爱心的人

· **你要知道** · 在前面的活动中，你学会了如何通过积极的思考改变愤怒的情绪。你也能通过改变自己的行为改变愤怒情绪。你越宽容、越有爱心，你的愤怒就会越少。

当你向他人表达关心时，是不可能愤怒的。但控制愤怒并不是关心他人的理由，关心他人是一种很棒的生活方式，是人们生活的正确方式。

**每个人都喜欢善良、有爱心、乐于助人的孩子。**当你表现出对他人的关心——你的家人、朋友，甚至是需要帮助的陌生人，也都会觉得你很好！但是，你知道这么做的最重要的原因是什么吗？阅读下面的故事，你会找到答案的。

达西是公认的最乐于助人的孩子。她的老师、父母、朋友，甚至邻居家的小狗小猫都知道如果他们需要，达西一定会提供帮助。

当达西的老师费德拉太太丢钱包时，达西在整个校园里帮她找，最后在垃圾箱旁找到了钱包。（不要问为什么钱包会在这儿，这可能没有人知道。）

当达西的爸爸下班回家头痛时，达西立刻关掉电视，调暗客厅的灯光，给爸爸倒了一杯水。

当达西的朋友达蒙生病住了一周医院时，达西每天都去探望或者打电话给达蒙。当他们聊天的时候，达蒙会感觉好一些。

当达西看到流浪的小猫小狗时，她立刻告诉妈妈，然后她们会一起帮助这些小动物。据最近的一次统计，达西一共帮 17 只小动物找到了主人，为 3 只以上的小动物找到了新家。

达西乐于助人的事迹广为流传。整个州的人都开始谈论达西，并且纷纷表达自己对达西的欣赏。很多孩子开始努力变得更乐于助人。他们成立了助人俱乐部，并且把达西亲笔签名的照片挂在墙上。

"达西"成了最受父母欢迎的名字，很多父母说："我们给孩子起名叫达西，是希望孩子会成长为像达西一样乐于助人的人。这是不是很棒？"

最后，甚至州长也听说了达西乐于助人的事迹。他准备建立一个科学小组研究达西，希望发现是什么使达西如此乐于助人。达西的父母说这很好，因为他们想让每个人都变得更爱帮助别人。

6位著名的医生去达西家，和她生活了1周。他们一直跟着达西，并给她做体检。他们观察她的饮食，甚至观察她的睡眠。每晚他们都会聚在一起讨论他们发现了什么，而每晚，他们都会在谈话结束前，总结达西一整天做了哪些帮助别人的事。1周结束后，医生们给州长写了一份报告。写这份报告并没有花很多时间，因为这份报告只有一句话。

这句话是：做好事本身就是一种奖励。

# Foryou
# 你　要　做　的

　　或许你在想，你怎样才能像达西一样乐于助人。下面这个拼音游戏会帮你弄明白这个问题！看看你是否能找出这 7 种帮助他人的方式。答案在本页的最下方。

èiw iéb érn ēngch ném。

ushō ǒw ià ǐn。

uzò é àiw ed ijā ùw。

ixàng íc ànsh īj ògu uānj ukǎn。

ǎob cíh ánfg ānji ěngzh iéj。

uìd āt énr ēiw iàxo。

ǒyu ǐl àom。

参考答案：

wèi bié rén chēng mén。（为别人撑门。）

shuō wǒ ài nǐ。（说我爱你。）

zuò é wài de jiā wù。（做额外的家务。）

xiàng cí shàn jī gòu juān kuǎn。（向慈善机构捐款。）

bǎo chí fáng jiān zhěng jié。（保持房间整洁。）

duì tā rén wèi xiào。（对他人微笑。）

yǒu lǐ mào。（有礼貌。）

# Foryou

# 更 多 你 要 做 的

每天孩子们都可以做很多有爱心的事。你能在下面的空白处列举 10 件你能做的事吗?

**1** ..........................................................................

**2** ..........................................................................

**3** ..........................................................................

**4** ..........................................................................

**5** ..........................................................................

**6** ..........................................................................

**7** ..........................................................................

**8** ..........................................................................

**9** ..........................................................................

**10** ........................................................................

# Activity 32

## 活动 32　改正错误

**·你要知道·** 对于你在愤怒时所做的事或说的话，道歉是有帮助的，但前提是你真心想道歉。有时候，孩子们说"对不起"，但他们并不是真心的。父母或朋友可能会接受你的道歉，但人们能分辨出你的道歉是真心的还是应付差事。

有的孩子发现他们总是因为同一件事而一次又一次地道歉。如果你总是做错同一件事，人们会认为你没有真心道歉。

看看弗兰克的故事，然后判断你是否认为他的道歉是真心的。

弗兰克的弟弟瑞安实际上是一个捣蛋鬼。瑞安拿走了弗兰克的漫画，之后也没有归还。

弗兰克觉得父母总是向着弟弟。他们会说："瑞安是弟弟，他年龄比你小，他不能和你一样理解事物。你必须让着他。"

一天，瑞安很吵，弗兰克朝瑞安扔了一个遥控器，砸中了瑞安的脑袋。瑞安号啕大哭，那天晚上，他的额头上有了一块很大的淤青。

弗兰克的妈妈说："你知道你打伤了弟弟的眼睛吗？瑞安的那只眼睛可能会瞎，这都是因为你控制不住脾气。你是故意的吗？"

"不是，"弗兰克说，"我不是故意的。"

"那你应该对你的弟弟说什么？"弗兰克的妈妈问他。

"对不起。"弗兰克对瑞安说。

"就是这样？"妈妈问道。

"我很对不起。"弗兰克说。

# Foryou
# 你　　要　　做　　的

当你做错事时，尤其是伤害到他人时，说对不起是不够的。这个活动会帮你思考真诚道歉的方式。

如果你曾经因为愤怒而伤害了他人（即使你不是故意的），但还没有真正道过歉，那么请你在下面的空白处，向他写一封道歉信。

亲爱的 . . . . . . . .

我真的很抱歉，因为我 . . . . . . . . . . . . . . . . . . . . . .

我知道 . . . . . . . . . . . . . . . . . . . . . . . . . . . . . . . .

我不应该 . . . . . . . . . . . . . . . . . . . . . . . . . . . . . . .

下一次 . . . . . . . . . . . . . . . . . . . . . . . . . . . . . . . .

为了向你表示我的歉意，我愿意 . . . . . . . . . . . . . . . . .

真诚的 . . . . . . . .

# Foryou

## 更 多 你 要 做 的

》 再读一遍弗兰克和弟弟瑞安的故事。你认为弗兰克应该怎么做
才能向父母表示他是真心感到抱歉的?

........................................................

........................................................

........................................................

》 你认为弗兰克欠弟弟一个道歉吗? 他应该怎么说或怎么做?

........................................................

........................................................

........................................................

𝄞 你曾经在愤怒时伤害过别人吗（即使你不是故意的）？是怎么
发生的？

..................................................

..................................................

..................................................

𝄞 如果你伤害了别人，你应该怎么让对方感觉好一些？

..................................................

..................................................

..................................................

# Activity 33

## 活动 33 成为一个输得起的人

**·你要知道·** 成为一个输得起的人并不容易。你可能会对发生的不如意的事感到愤怒、嫉妒或失望。尽管如此，你仍然要控制自己的愤怒情绪并做正确的事。

你知道"输得起的人"是什么意思吗？"输得起的人"指即使你对发生的事情并不满意，也能保持愉快并考虑他人的感受。

如果你输了一场比赛，你可以通过为胜利者庆祝而成为一个输得起的人。

如果你知道有人在考试中得了高分，你应该称赞他，即使你考得不好，对自己感觉很差。

成为一个输得起的人对维系友谊很重要，因为和一个输不起的人交朋友是很困难的。做一个输得起的人需要你理解每个人都是与众不同的，并且有的人在某些方面可能会比你做得好。

思考一下乌龟和兔子的故事（这个版本可能和你经常听到的版本不一样）。

从前，乌龟和兔子是很好的朋友。它们会在彼此的家里过夜，一起做爆米花，一起在深夜看恐怖电影（当然，这是在父母允许的前提下）。它们喜欢互相交换书籍阅读。他们喜欢玩跳棋、飞行棋之类的游戏。

但是它们并不喜欢一起运动。正如你们可能想到的那样，兔子非常快而乌龟非常慢。兔子擅长棒球、篮球和足球。每当有比赛的时候，它总是会赢。乌龟对任何运动都不感兴趣，因为它又慢又笨拙。由于兔子喜欢运动而乌龟不喜欢，它们在一起的时间越来越少，所以它们有像以前那么要好了。

兔子想："如果我的乌龟朋友愿意努力一点儿，那么他就可以和我一样喜欢运动。"

乌龟想："如果我的兔子朋友不把所有时间花在运动上，那么我们就可以一起做更有趣的事。"

但兔子和乌龟都没有告诉对方自己的想法。

有一天他们在大街上经过了一个标示牌，牌子上写着："保龄球适合所有人！快来哈利保龄球馆打保龄球吧！"

"你打保龄球吗？"兔子问他的朋友。

"是的，我喜欢打保龄球，"乌龟说，"你喜欢打保龄球吗？"乌龟问他的朋友。

"是的，"兔子说，"我喜欢打保龄球。我们现在一起去打一局保龄球吧！"

于是他们整个下午都在一起打保龄球。乌龟赢得了每一局的胜利。

故事的寓意：每个人都有喜欢和不喜欢的事情，每个人也都有自己的优点和缺点。但如果你是一个输得起的人，并且能尊敬他人，你会闪闪发光，也会得到稳固的友谊。

# Foryou
## 你　要　做　的

想象一下，你收到了一个"成为输得起的人"的奖杯。为这个奖杯涂上颜色，然后写出为了得到这个奖杯，你能做些什么。

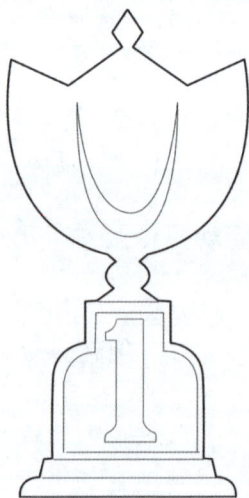

........................................................

........................................................

........................................................

# For you

## 更 多 你 要 做 的

> 什么是你最喜欢的运动？你曾经看到过有人在这类比赛中成为伤心的失败者吗？说说那个人对此做了什么。

..................................................

..................................................

..................................................

> 什么事是你喜欢做的，即使你不擅长？解释一下你为什么喜欢。

..................................................

..................................................

..................................................

# Share

你有没有过对他人很礼貌、很友善但其实你并不真心想这样做的经历？你是如何控制自己的情绪的？

........................................................

........................................................

........................................................

........................................................

# Activity 34

## 活动 34　举办家庭会议

· **你要知道** · 很多孩子会在家里大叫、争吵。有时候兄弟姐妹会吵架，有时候父母会吵架，任何家庭成员之间都可能吵架。家庭成员应该学会通过家庭会议解决问题。

有的家庭相处得很和睦，但有的家庭会充斥着各种争吵。这对孩子来说是一个问题，尤其是涉及父母的时候，因为没有孩子喜欢听父母吵架。

大多数孩子都不知道当父母吵架时自己应该做些什么。有的孩子会躲在自己的房间里，有的孩子会尽量多待在家外面，有的孩子可能在父母吵架时对父母大吼大叫。

当父母吵架时，你最应该做的是告诉他们你此时的感受。

如果你父母在你面前吵架，你可以说：

" 当你们在我面前吵架的时候，特别是你们（描述打扰到你的举动）的时候，我感觉（填上准确形容你感受的词语）。我希望你们不要在我面前吵架。"

有很多人可以帮助吵架的父母，包括咨询师、亲戚朋友。但他们能否帮你父母解决问题，取决于你父母是否愿意接受帮助，也取决于你求助的对象。

家庭成员可能需要花些时间才知道他们一起解决问题会令他们的生活更快乐。你的家人可以一起尝试解决问题。家庭成员可以开会讨论什么是更好的相处方式，制订时间表，计划度假，分配家务及其他很多事。甚至不必等出了问题才举行家庭会议，你们可以在家庭会议上讨论这周发生的事情，只为了一起玩得开心！

# For you

# 你 要 做 的

在这个活动中，你要写一个议程，就是你准备谈论什么计划。为家庭会议写一个议程是确定没有遗漏重要事情的好方法。你可以自己填写下面的议程，但通常都是父母计划和主导家庭会议，所以最好由父母帮你一起完成。

### 家庭会议的议程

》》 写下 1 个需要讨论的重要问题。

·····································

·····································

》》 写下 2~3 件家庭需要计划的事（比如一次庆生、一场旅行，或者周末做什么）。

·····································

·····································

185

〉〉 写下每个家庭成员都能回答的 3 个问题，让大家分享自己的想法和感受，例如，"这周发生的最好的事是什么？""你特别盼望的事是什么？""为了大家开心，我们应该一起做什么？"

❶ ............................................................................................

❷ ............................................................................................

❸ ............................................................................................

# 更 多 你 要 做 的

〉〉 你们家曾经举办过家庭会议吗？发生了什么？

............................................................................................

〉〉 你认为对于家庭会议来说，重要的是什么？

............................................................................................

............................................................................................

>> 你能不能想到有些事因为涉及隐私，所以你不想在家庭会议上
讨论？

.................................................................

.................................................................

.................................................................

>> 你知道有哪些人人都能和谐相处的家庭？这些家庭有哪些值得
你们家庭学习的地方？

.................................................................

.................................................................

.................................................................

187

# Activity 35

## 活动 35 　与他人合作

· **你要知道** · 成为一个善于合作的人会让你得到其
他孩子和成年人的欣赏。当你有一个合作的态度时,
你会想办法帮助他人,包括孩子和成年人。

你认为自己是善于合作的人吗？下面的句子是描述善于合作的人的。看看在这些句子中，哪些是描述你的，在描述你的句子前打√。

- ☐ 当我的妈妈或爸爸让我做一些事情的时候，我马上就会做。
- ☐ 我喜欢帮助别人。
- ☐ 当我在学校参加活动的时候，我从不和其他孩子争吵。
- ☐ 只要有时间，我就会帮助我的老师。
- ☐ 当别人和我说话的时候，我会仔细听。
- ☐ 我不介意和其他孩子分享我的东西，即使那个孩子不是我的兄弟姐妹。
- ☐ 对于轮流做事，我没有抱怨。
- ☐ 我喜欢集体活动。
- ☐ 我喜欢活动中有很多孩子，即使有的我并不认识。
- ☐ 我认为和其他孩子合作比自己单独做事更有趣。

# Group

# Foryou
# 你　要　做　的

　　下面这个迷宫游戏会帮你了解为什么合作是重要的。迷宫后面的问题会帮你思考可以变得更合作的方式。这个迷宫说简单很简单，说难也难。为什么呢？因为你必须闭上眼睛完成这个迷宫！

　　找一个成年人或其他孩子来帮助你完成这个活动。戴上眼罩或者用其他东西遮住眼睛。然后让你的同伴帮你把一支笔握在手中，并引导你把手中的笔放在迷宫的开始处。现在你的同伴要告诉你，怎么走才能走出迷宫：左、右、上或下。

　　如果你中断的次数少于 5 次，那么你和你的同伴就胜利了。你能和同伴一起合作挑一份你们都喜欢的奖品吗？

# 合作迷宫

开始

结束

# Foryou
## 更 多 你 要 做 的

>> 你能想出一些不用合作就能完成的任务吗？

**1** ..........................................................

**2** ..........................................................

**3** ..........................................................

>> 你认识的人中有谁是非常善于合作的？举一些他和你合作的例子。

**1** ..........................................................

**2** ..........................................................

**3** ..........................................................

如果你更善于合作，你认识的人里谁会最欣赏你？你怎么才能向这个人表现出你已经变得更善于合作了呢？

...................................................

...................................................

...................................................

你知道有的人非常不愿意与他人合作吗？你认为这个人为什么不愿意与他人合作？怎样能够改变这个人？

...................................................

...................................................

...................................................

# Activity 36

## 活动 36　不要因为自己的问题而责备他人

· 你要知道 · 我们经常因为自己的问题而责备他人。
记住——责备他人永远没有用，而且通常会让事情变
得更糟。

2 岁的比伊在咖啡桌旁摔倒了，头被磕破了，额头上肿了一个大包，于是她号啕大哭了起来。她哭完了以后，对着咖啡桌说："坏桌子！"并且用最大的力气踹桌子。她的妈妈笑着同意了她的做法，说："坏咖啡桌！为什么绊倒我的小女儿？"

我们和比伊的妈妈都知道，这不是桌子的错，但当我们年幼的时候，我们会倾向于因为自己的问题而责备物品或他人。当我们长大了以后，如果你动脑子想一想，你就知道要开始为自己的的问题负责了。如果你不为自己的问题负责，你可能会一直生气，甚至会重蹈覆辙。想想下面的情境：

▶ 萨姆为数学考试全力以赴地学习，但他还是得了 D-。他告诉妈妈："我的老师没有教好数学，所以我考得这么差。"

▶ 塔尼亚总是吹嘘自己拥有的东西和自己能做的事情。一开始，班上其他的女生只是无视她的吹牛，但是不久，班上所有的女生都开始躲着她。一天，塔尼亚发现，米莉亚姆邀请了班上所有的女生参加保龄球派对，唯独没有邀请她。塔尼亚把这件事告诉了妈妈："米莉亚姆真坏。我讨厌她。"

▶ 温莱特先生在高速路上开车开得很快，他还用手机和朋友聊天，顺便吃了几口三明治。当前面的司机突然刹车时，温莱特先生撞到了前面的车。"你这个傻瓜！"温莱特先生大叫，"我不敢相信这个家伙竟然这样开车。"

# Foryou
## 你 要 做 的

　　萨姆、塔尼亚和温莱特先生都让责备恶魔控制了。你知道责备恶魔吗？它活在我们的心里，伺机为我们的问题而责备他人。在下面的空白处，画一幅责备恶魔的图。

　　现在把这个恶魔关进笼子里！画上牢笼，然后再画上一把锁。看看你是否能够为自己的问题负责，把责备恶魔锁起来。

# For you

## 更 多 你 要 做 的

❱❱ 你曾经因为没做过的事而受责备吗？事情是怎么发生的？

......................................................

......................................................

......................................................

❱❱ 你曾经因为自己造成的问题而责备过父母吗？事情是怎么发
生的？

......................................................

......................................................

......................................................

你认为为什么有的人不愿意承认是自己导致了问题的发生?

........................................................

........................................................

........................................................

负责任是一种好品质。你能想出 3 种让自己成为负责任的孩子的方法吗?

❶ ....................................................

❷ ....................................................

❸ ....................................................

# Activity 37

## 活动37 知道什么是能改变的、 什么是不能改变的

· **你要知道** · 如果你能改变生活中的某些事，那么你的愤怒可能会更少。但有些事是你不能改变的。**你必须要学会尽力面对那些不能改变的情况**。想要改变那些不能改变的情况会令你更愤怒。

阿什丽对马西很生气，因为马西在操场上不理她。但阿什丽没有发火，而是去找其他人一起玩了。这就是一个有效避免自己发火的例子。在活动 4 中，你学会了识别自己的愤怒按钮，以及如何避免打开你的愤怒按钮。

对于会引起你愤怒的情境，你还有其他可以做的。在活动 18 中，你学会了解决问题。在活动 25 中，你学会了如何站在别人的角度看问题。在活动 30 中，你学会了与他人和解。

这里有一些会让孩子心烦的事，但这些事都是无法改变的：

▶ 希瑟很生气，因为她的父母要离婚。

▶ 凯蒂很生气，因为她的父母要生新宝宝，她认为父母年纪太大了，不能有这么多孩子。

▶ 迈克尔很生气，因为他们家要搬到另一个州，这样他就不能参加篮球队了，而且还要离开他的朋友。

▶ 杰克很生气，因为他讨厌写作业。

# Foryou

## 你 要 做 的

在下面的表格中，写下 7 件让你生气的事。这些事可以是小事，也可以是大事。然后在你认为可以改变的事情的右侧相应的选项栏打√。你可以写下你现在要如何改变，也可以在读完本书后，再从书里的活动中找答案。在你不能改变的事的右侧相应的选项栏打 ×。

后面还有活动教你如何处理你不能改变的事。当你完成所有的活动后，你可以填写最后一栏。

| 令你生气的情况 | 你能改变 | 你可以怎么做 | 你不能改变 | 你如何处理 |
|---|---|---|---|---|
|  |  |  |  |  |
|  |  |  |  |  |
|  |  |  |  |  |
|  |  |  |  |  |
|  |  |  |  |  |
|  |  |  |  |  |
|  |  |  |  |  |

# Foryou
## 更 多 你 要 做 的

重读上一页的表格，哪3种情况最令你愤怒？

❶ ..........................................................................

❷ ..........................................................................

❸ ..........................................................................

哪3种情况对你的困扰最小？

❶ ..........................................................................

❷ ..........................................................................

❸ ..........................................................................

看看那些你认为不能改变的情况。对于每种情况，你有办法让它改变一点点吗？你能做什么？

· · · · · · · · · · · · · · · · · · · · · · · · · · · · · · · · · · ·

· · · · · · · · · · · · · · · · · · · · · · · · · · · · · · · · · · ·

· · · · · · · · · · · · · · · · · · · · · · · · · · · · · · · · · · ·

完成这个活动后，你感觉如何？思考那些你不能改变的情况会让你愤怒吗？

· · · · · · · · · · · · · · · · · · · · · · · · · · · · · · · · · · ·

· · · · · · · · · · · · · · · · · · · · · · · · · · · · · · · · · · ·

· · · · · · · · · · · · · · · · · · · · · · · · · · · · · · · · · · ·

了解了你能改变和不能改变的事情后，你感觉更好一些了吗？

· · · · · · · · · · · · · · · · · · · · · · · · · · · · · · · · · · ·

· · · · · · · · · · · · · · · · · · · · · · · · · · · · · · · · · · ·

# Activity 38

活动 38　运用幽默

**·你要知道·** 幽默对任何难题都有帮助。幽默能给你看问题的不同视角，也能放松你的心情。对你的问题保持幽默感有助于防止你发怒。

你认为在你生病的时候幽默会让你好得更快吗？科学家告诉我们大笑会帮我们的身体与疾病作斗争。有的医院甚至还雇佣小丑探望病人，逗病人大笑。

幽默对我们的不良情绪也有帮助。甚至当你真的很愤怒的时候，你可以学着大笑。当你笑的时候，让你生气的那些事可能就没那么重要了。

幽默在交朋友中也很重要。孩子们喜欢那些有趣的、爱笑的孩子。

你经常笑吗？如果你不经常笑，试试学习下面的方法：

▶ 对着镜子做鬼脸。

▶ 从书店里买一本笑话书，然后每天学一个新的笑话。

▶ 请父母或朋友选一部喜剧电影和你一起看。

▶ 用羽毛挠脚心。

▶ 请一个朋友告诉你一个笑话或有趣的故事。

# Foryou

## 你 要 做 的

有很多每天都能让你开怀大笑的方法。我们保证，这会让你对自己和他人感觉更好。

下面有 4 个普通的孩子。给每个孩子加点儿什么，让他们看起来很有趣。

# Foryou

## 更 多 你 要 做 的

在你认识的人里，谁是最有趣的？

你最喜欢的喜剧节目是什么？

你想和父母一起看哪一部喜剧电影？

你认为哪些孩子是有趣的？为什么这些孩子这么有趣呢？

# Activity 39

## 活动 39　原谅和遗忘

· **你要知道** · 保持愤怒对任何人都没有好处，你应
该学会原谅和遗忘。

有的人会长时间保持愤怒。有时你会对某个人生气很久，最后你都忘了为什么会生气！保持愤怒并不会让你感觉更好，当然也不会对你的人际关系有帮助。

原谅对有些人来说很难。他们似乎更喜欢停留在愤怒的情绪里，即使他们知道这样没有用。而有的人愿意原谅，但不知道该怎么原谅。

拿艾米丽来举例。艾米丽对蒂拉很生气，因为蒂拉没有邀请她参加生日派对。艾米丽一直不知道自己为什么没有被邀请，她也从来没有问过。她不再和蒂拉说话，甚至在学校里遇到蒂拉时，艾米丽会转头就走。蒂拉不知道自己做错了什么，因为艾米丽从来没有告诉过她。这两个女孩之前是好朋友，但是现在她们就像敌人一样。

之后，艾米丽的生日派对到了。她列了一个邀请名单，没有思考就写下了蒂拉的名字。当她想起她本来对蒂拉很生气时，她仍然没有把蒂拉的名字划掉。她想念和蒂拉说话的日子想邀请蒂拉参加她的派对。所以，她就这么做了。

蒂拉来到了派对，并送给艾米丽一个很棒的礼物，还有一个自己制作的卡片。卡片上写着："让我们再做朋友吧。"

有时原谅和遗忘的最好方法就是正常接触那个让你生气的人，好像什么都没有发生过。那个人可能会积极地回应，也可能不会。你永远也不能准确地得知别人会做什么，但是当你原谅对方时，你会感觉更好。一旦你原谅了对方，你就很容易忘记让你心烦的事情。这再简单不过了。

# Foryou
## 你 要 做 的

下面是一个心形，在里面写下任何让你感到生气的事。如果你愿意，你可以写很多。然后用红色的蜡笔或记号笔给心涂色。用颜色把这颗心填满，直到你再也看不到让你生气的事情。

# For you

## 更 多 你 要 做 的

历史人物中谁因为原谅别人而闻名？

你能不能想起一件你曾经做错了但被原谅的事？

为什么有的人很难原谅别人？

人需要被原谅吗？

# Activity 40

## 活动 40　你准备好控制愤怒情绪了吗？

· **你要知道** · 如果你真的很想控制愤怒情绪，那么你应该签一个竭尽全力控制愤怒情绪的合约。

两人之间的合约就是关于做对双方都有利的某些事的协议。当人们租房或买房时，他们要签合约。当人们办理手机套餐时，他们要签一个合约，每月交给通信公司一笔钱。在成年人的世界里，合约是很重要的。当人们签订合约时，这说明他们承诺了要做某事，如果他们违反了承诺，那就会造成麻烦。

　　孩子们签的合约被称为行为合约。当孩子们签了合约，他们就承诺了他们会按某种方式做事。通常，成年人会在孩子表现了合约规定的行为时给出特殊奖励，来帮助孩子改变行为。这种方法会让孩子和成年人都很开心。特殊奖励可以是某种特权，如玩更长时间的电脑，或某项优待，如去观看一场棒球赛或者听一场音乐会，或者是孩子想要的某件物品，如得到一个玩具或者一辆新自行车。

# Foryou
# 你　　要　　做　　的

　　如果你愿意控制你的愤怒情绪，你可以签下面为你准备的合约。

　　当你准备好控制愤怒情绪的时候，签下这份合约。问问你的父母或其他成年人，他们是否愿意为你的行为改变提供奖励。他们应该也在合约上签字。

**愤怒控制合约**

我 ............，承诺会更好地控制自己的愤怒情绪

我不会 .......................................

我会 ........................................

如果我能遵守承诺一个月，我会得到 ................

签约人

你的名字 ........

成年人的名字 ..........

# Foryou

# 更 多 你 要 做 的

## 为什么你认为控制愤怒情绪很重要？

. . . . . . . . . . . . . . . . .

. . . . . . . . . . . . . . . . . . . . . . . . . . . . . . . . . . . . . . . . .

即使你已经做出了承诺并签署了控制愤怒情绪的合约，但仍然可能会发生一些妨碍你遵守承诺的事情。你认为什么事会妨碍你遵守承诺呢？

. . . . . . . . . . . . . . . . . . . . . . . . . . . . . . . . . . . . . . . . .

. . . . . . . . . . . . . . . . . . . . . . . . . . . . . . . . . . . . . . . . .

. . . . . . . . . . . . . . . . . . . . . . . . . . . . . . . . . . . . . . . . .

. . . . . . . . . . . . . . . . . . . . . . . . . . . . . . . . . . . . . . . . .

❧ 如果你发现自己又恢复了容易愤怒的习惯，你可以做些什么？

....................................................

....................................................

....................................................

❧ 当你想要生气的时候，本书中的哪个活动是对你最有帮助的？

....................................................

....................................................

....................................................